Werner Backes



# *Drachen – einfach und schnell gebaut*

Urania-Ravensburger

Die Deutsche Bibliothek – CIP – Einheitsaufnahme
**Drachen – einfach und schnell gebaut** / Werner Backes. –
Berlin : Urania-Ravensburger, 1998
ISBN 3-332-00694-0


Fotos und Zeichnungen: Werner Backes
Satz: E. Weishaupt, Meckenbeuren
Gesamtherstellung: Magdeburger Druckerei
Printed in Germany
01 00 99 98 4 3 2 1
ISBN 3-332-00694-0

# *Inhalt*

# *Einführung*

Drachensteigenlassen, ein herbstliches Kindervergnügen? Nur sehr langsam gelingt es, mit dieser Ansicht aufzuräumen. Immer mehr Menschen aller Altersstufen finden wieder zu dem jahrtausendealten Spiel mit dem Wind und machen den Drachensport zu ihrem Hobby, das sie das ganze Jahr über treiben. Vielerorts werden in Jugendgruppen und Schulen Drachenprojekte gestartet, ganz unterschiedliche Institutionen veranstalten Drachenbastelaktionen und -feste, und da und dort finden große Drachenfestivals mit internationaler Beteiligung statt. Getragen werden alle diese Veranstaltungen von den vielen Kindern, Jugendlichen und Erwachsenen, die als Zuschauer oder Akteure Freude an den Drachen erleben und vermitteln wollen. Dieser Kurs soll Sie in den Bau ganz verschiedenartiger Drachen einführen. Sämtliche Modelle, die ich für Sie mehrmals vorgebaut und ausführlich auf ihre Flugtüchtigkeit geprüft habe, sind mit einfachen Mitteln nachzubauen. Folgen Sie meinem systematischen Gang, auch wenn Sie für sich nur einzelne Drachen herausgreifen möchten. Erlernen Sie mit mir die einfachen Techniken, die Sie zu erfolgreichen Drachenmodellen führen, und genießen Sie das erhebende Gefühl, das Sie erfahren, wenn Sie Ihre gut getrimmten Drachen im Wind spielen lassen. Dazu wünsche ich Ihnen gutes Gelingen und den richtigen Wind!

*Werner Backes*

## *Drachenteile*

Ein Drachen ist ein Flugkörper, der, an einer Leine schräg in den Wind gehalten, einen Auftrieb erfährt.

Die Bespannung hat die Aufgabe, den Wind so um den Drachen zu lenken, daß er diesen Auftrieb bekommt. Sie wird bei den meisten Drachen durch ein Gerüst, das Skelett des Drachens, in Form gehalten.
Bei vielen Drachen, wie z. B. beim Spitz-, Hexagon- und Kastendrachen, sind die Gerüststäbe starr miteinander verbunden. Dagegen ist der Delta ein halbflexibler Drachen, dessen Gerüstteile sich gegeneinander bewegen können.

Die Waage ist das Verbindungsglied zwischen Drachen und Drachenschnur. Sie wird so angepaßt, daß der Drachen eine optimale Stellung zum Wind erhält.

Der Schwanz hat bei allen Flachdrachen (deren Gerüstteile in einer Ebene liegen) eine flugstabilisierende Funktion. Nur Drachen mit gewinkelten oder parallel zur Windrichtung orientierten Flächen können ohne Schwanz auskommen (z. B. Delta- und Kastendrachen).

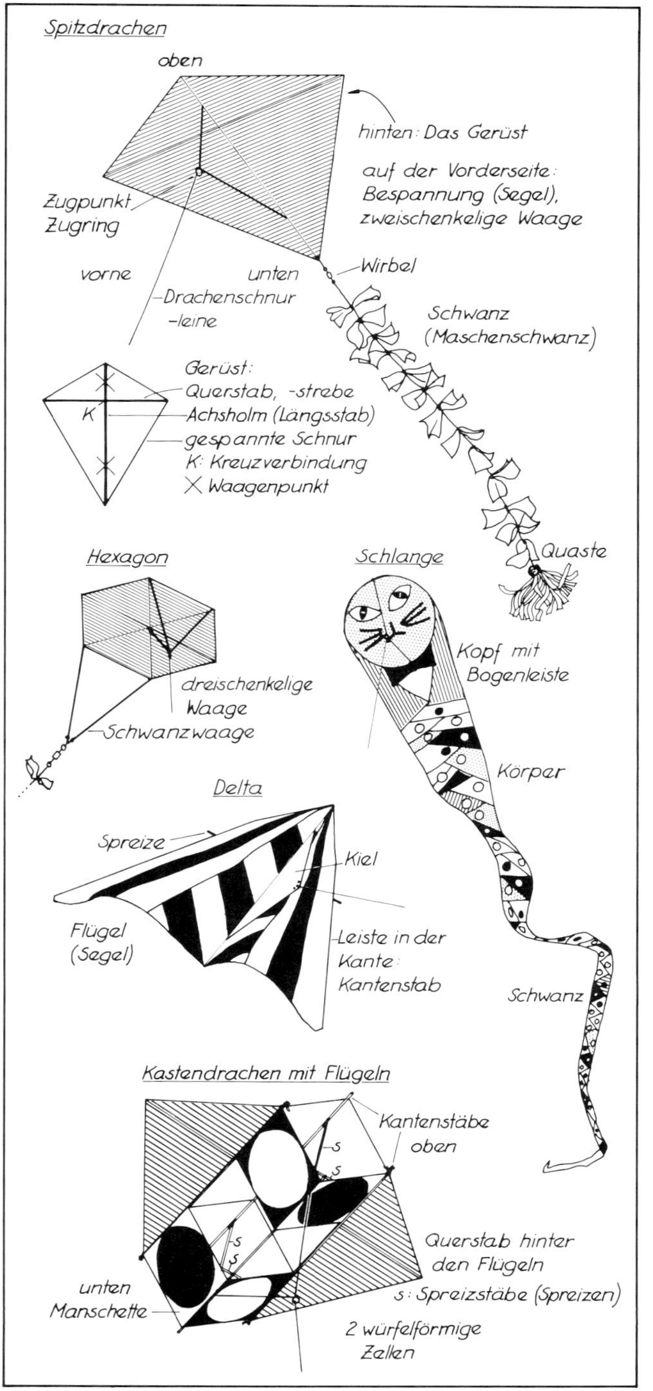

## *Werkzeuge und Materialien*

Zum Bau der meisten Drachen in diesem Buch genügen nur wenige Werkzeuge: Mit Feinsäge, Schere, Bastelmesser, Maßstab, Stechahle (Holzspießchen) und Schreibgerät werden Sie in der Regel auskommen. Nur vereinzelt brauchen Sie eine grobe Nähnadel, Ösenwerkzeug, Zangen und Spannwerkzeug.

Pergamin-, Seiden- und Kreppapier kaufen Sie im Schreibwarengeschäft. Kunststoffolien gewinnen Sie am besten aus Müllsäcken und Einkaufstüten. In Drachen- und vielen Spielwarengeschäften bekommt man Folien aus Polyester (Mylar) und Polyethylen (HDPE) und das am vielseitigsten verwendbare preiswerte Tyvek.
Leisten und Rundstäbe bieten Baumärkte, Bastler- und Eisenwarengeschäfte an. In ausgesuchter Qualität finden Sie alle Gerüstmaterialien bei den Spezialisten für technischen Spielwarenbedarf, in Drachenläden und einer zunehmenden Reihe von Spielwarengeschäften. Im Gartenbedarfshandel gibt es Bambusstäbe und Bambussplittstäbe.

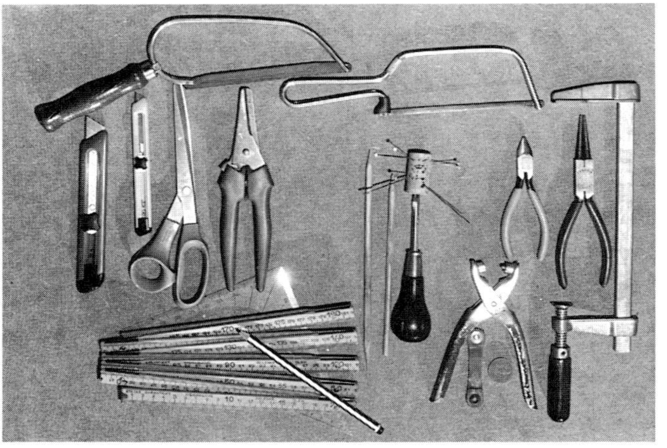

Bei der Bespannung beschränke ich mich in diesem Buch auf Materialien, die man kleben kann. Pergamin- (Drachen-), Seiden-, aber auch alle nicht zu schweren Papiere bilden die verletzliche Oberfläche vieler Drachen, die mit Alleskleber oder Kleister befestigt wird. Reißfester sind Kunststoffolien, z. B. Polyester- oder PVC-Folien. Besonders preiswerte Polyethylenfolien (Müllsäcke, Einkaufstüten) können Sie nur mit Klebefilm verarbeiten. Ein ganz ausgezeichnetes, reißfestes, kleb- und bemalbares weißes Wirrvlies aus Polyethylenfäden, das Tyvek (sprich taiwek), gewinnt unter den Drachenbauern immer mehr Freunde.
Das Gerüst baut man meistens mit Leisten oder Rundstäben aus Fichten-, Ramin-, Kiefern- oder Buchenholz. Sehr gut belastbar sind Bambusstäbe und -leisten. Dünne Glasfiberstäbe (GFK) sind das beste Material für Bögen von Schlangenköpfen. Für Gerüstverbindungen, Spannschnüre und Schnurwicklungen verwende ich Reste dünner, wenig dehnbarer Drachenschnüre. Für die Drachenwaagen bevorzuge ich 1 bis 1,5 mm starke geflochtene Perlonschnur. Schläuche aus Polyethylen oder PVC (Kraftfahrzeugzubehör) liefern nützliche Steckverbindungen, z. B. beim Fransendelta oder beim Kastendrachen. Während Sie auf Aluminiumringe (notfalls Ringe von Getränkedosen) für die zweischenkeligen Waagen kaum verzichten können, gibt es viele nützliche Kleinteile, die kein absolutes Muß darstellen.

*Nützliche Kleinteile*
Metallringe (bevorzugt aus Aluminium), Schnurspanner, Sicherheitsnadeln, Wirbel mit oder ohne Karabinerhaken (Drachen- oder Anglergeschäft), PVC-Schlauch, Dosenklemmen (Elektrohandel), Gummiringe, Leinen- oder festes Baumwollband, Schnüre unterschiedlicher Stärke, Ösen.

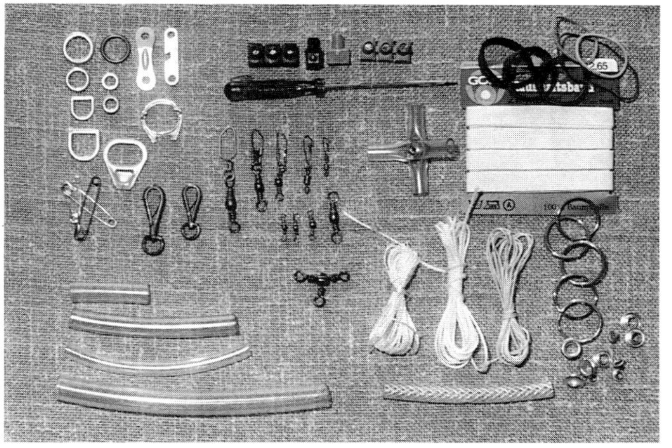

## *Drachenschnüre*

Drachenschnüre bekommen Sie in guten Schreib- und Spielwarengeschäften. Ein Sortiment ausgewählter, z. T. aber auch sehr teurer Schnüre führen Drachenspezialisten. Preiswerte kräftige Leinen finden Sie in Seilerfachgeschäften.
Wählen Sie zuverlässige, aber niemals übertrieben dicke Schnüre!

Nur wenn der Drachen an einer Schnur gehalten wird, kann er im Wind einen Auftrieb bekommen. Reißt die Drachenschnur, bewegt sich der Drachen vom Piloten weg und verliert schnell an Höhe. Drachenleinen müssen reißfest und leicht sein und einen möglichst kleinen Querschnitt haben, um dem Wind nur wenig Angriffsfläche zu bieten.
Für die meisten Modelle, die Sie mit den folgenden Anleitungen bauen können, reichen dünne gezwirnte Nylon-, Perlon-, Polyester- oder auch Hanfschnüre mit einer Belastbarkeit von ca. 10 kp vollkommen aus.
Für größere Zugkräfte empfehle ich geflochtene Kunstfaserschnüre mit einem Durchmesser von 1 bis 1,5 mm.

Geflochtene Schnüre gleicher Belastbarkeit sind entsprechenden gezwirnten vorzuziehen.
Die Enden von Kunstfaserschnüren schützt man durch Anschmelzen (Kerze, Feuerzeug, Streichholz) gegen Ausfransen.
Einfasrige Schnüre sind nur bedingt zum Drachensteigen geeignet.
Üben Sie die Knoten, um zwei Leinen miteinander zu verbinden.

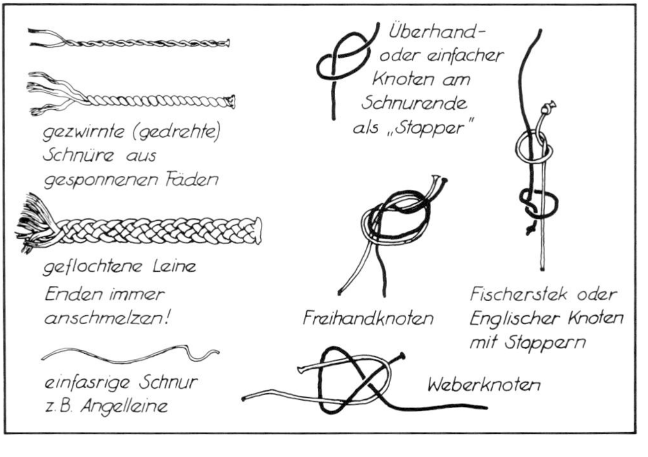

## *Aufwickeln*

In der Regel kauft man Schnüre auf Spulen, die für eine Wiederverwendung unpraktisch sind. Die Schnur um einen dünnen Stab kunstvoll aufzuwickeln, ist äußerst mühsam. Einfache, stabile Haspeln aus Holz sind problemlos in der Handhabung und leicht selbst anzufertigen. Rechts die Spezi-Spule aus Kunststoff.

Die Haspel wird mit der Laub- oder Stichsäge aus 10 mm starkem Sperrholz zugeschnitten. Runden Sie alle Kanten ab, und bearbeiten Sie alle Flächen, über die die Leine laufen soll, ganz besonders gründlich. Das Holz muß geschliffen und mit Klarlack gestrichen und mindestens ein weiteres Mal geschliffen und gestrichen werden.

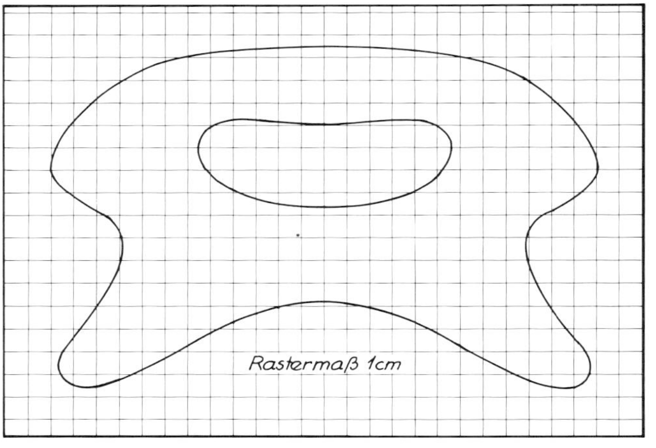


Der Wickler, zu dem ich durch die käufliche Spezi-Spule angeregt wurde, liegt ausgezeichnet in der Hand. Den Pappkern gewinnt man aus dem Kern einer Linoleumrolle (Wandstärke 10 mm, eventuell zwei Lagen übereinanderleimen). Die Seitenteile aus Sperrholz werden mit je 4 Spanplattenschrauben, 3 x 30 mm, und Weißleim angebracht.

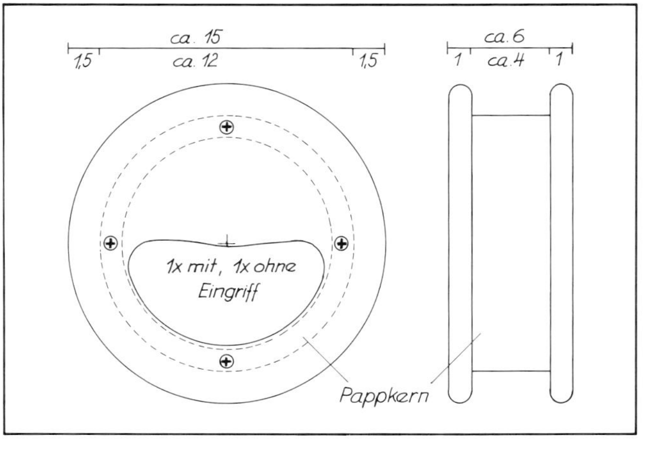

Vorne drei Papierhexagons, links der Hexagonstern (S. 30 u. 31). Hinten Stoffdrachen, der eine gebatikt, der andere mit einem Stern appliziert. Starthelfer Jürgen und Maresa.

## *Bauen*

Wenn Sie sich den Bau eines Drachens vornehmen, lesen Sie zunächst die gesamte Bauanleitung sorgfältig durch. Sehen Sie auch nach Bauschritten, die nur bei vorausgegangenen Modellen ausführlich beschrieben sind. Besorgen Sie dann die Materialien, die in der Randspalte zwischen zwei schwarzen Querbalken aufgelistet sind. Immer mehr Bastler- und Spielwarengeschäfte stellen sich auf die wachsende Zahl der Drachenbauer ein und haben inzwischen auch Tyvek, Glasfiberstäbe und Kleinteile in ihr Sortiment aufgenommen. Falls Sie keine Einkaufsquelle finden, fragen Sie Ihren Spielwarenhändler, ob er Ihnen die Materialien besorgen kann!

---

Sie brauchen:
Materialien

---

*Im Notfall helfe ich Ihnen weiter*

*Alle Maße in cm, sofern keine anderen Angaben gemacht werden.*

Überall, wo ich es für sinnvoll hielt, habe ich in den Zeichnungen Maße in cm eingetragen. Bei Stabkreuzungen gilt das Maß immer bis zur Kreuzungsmitte.

*Länge der Waagenschenkel*

Unter den Materialangaben finden Sie auch die Längen der Waagenschenkel in cm in der Reihenfolge von oben nach unten, die sich bei meinen Drachen als günstig erwiesen haben. Von diesen Angaben ausgehend, müssen Sie den genauen Zugpunkt für Ihr individuelles Modell in Flugversuchen experimentell selbst bestimmen.

*Vergrößern und Verkleinern*

Wenn Sie einen Drachen größer oder kleiner, als von mir beschrieben, bauen wollen, müssen Sie alle Maße mit dem gleichen Faktor multiplizieren bzw. dividieren. Fertigen Sie eine Skizze an, in der Sie die veränderten Maße eintragen. Vergessen Sie nicht, Ihre Gerüststäbe an die veränderten Dimensionen anzupassen.

*Arbeitsplatz*

Als Arbeitsplatz genügt ein großer Tisch oder ein ebener Fußboden. Als schnittfeste Unterlage besorgen Sie sich am besten eine Hartfaserplatte mit glatter Oberfläche. Auf diese können Sie Linien aufzeichnen, die Ihnen beim Aufspannen und Zuschneiden der Bespannung und beim Ausrichten des Gerüsts als Orientierungshilfen dienen.

*Schmücken und Trimmen*

Schmücken Sie Ihren Drachen mit viel Liebe und Fantasie, und machen Sie ihn damit zu Ihrer ganz eigenen Schöpfung. Vollenden Sie Ihr Werk, indem Sie Ihren Drachen in der freien Natur zum munteren Flieger trimmen.

# Schlittendrachen (Sleds)

### *Sled mit Ed-Grauel-Öffnungen*

Eine durchgehende Baldachinfläche kann leicht zusammenklappen. Um die Wölbung des Baldachins zu stabilisieren, hat man mit verschiedenen Lochformen experimentiert. Der erste Schlittendrachen hat Öffnungen, die von Edwin L. Grauel (USA) entworfen wurden.

Der halbflexible Schlittendrachen, der 1950 von William A. Allison (USA) zum Patent angemeldet und inzwischen in zahlreichen Varianten verbessert wurde, ist besonders einfach zu bauen und daher der richtige Drachen, um Ihnen ein erstes Erfolgserlebnis zu vermitteln. Wählen Sie nicht zu dünne Folie, und achten Sie auf strenge Symmetrie, dann kann nichts schiefgehen.

Für Drachenbauaktionen mit Kindern schneide ich Folienbespannungen und Gerüststäbe vorher zu. Die Kinder (und Eltern) montieren und bemalen die Drachen dann fertig. Wie Sie eine solche Aktion organisieren können, teile ich Ihnen auf Anfrage gerne mit.

---

Sie brauchen: Einen 90-Liter-Müllsack oder entsprechende Plastikfolie.
2 Weichholzleisten, 78 cm lang, mit 5 x 5 oder 3 x 5 mm Querschnitt.
Klebeband, 19 mm breit, schmalen Klebefilm.
Ein Schaschlik- oder Bambusstäbchen.
Geflochtene Perlonschnur, Ø 1 mm, für die Waage.

---

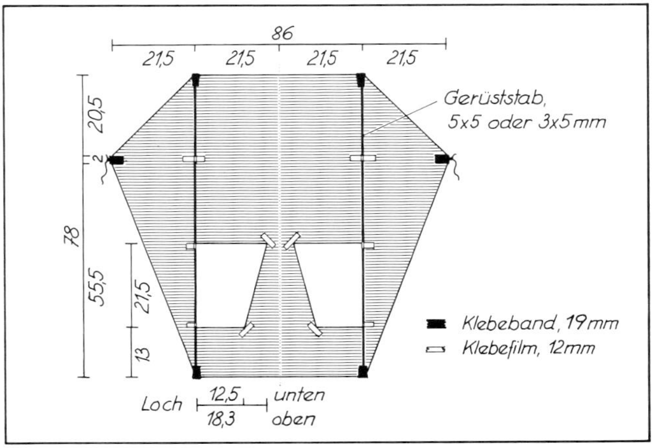

Sehr günstig arbeitet man mit der Folie eines Müllsacks. Die untere Schweißnaht trennen Sie mit einem scharfen Messer ab. Wenn Sie mehrere Sleds bauen wollen, fertigen Sie am besten eine Schablone aus einer Hartfaserplatte an. Sie können die Maße auch direkt auf die Folie übertragen und doppellagig mit einem Bastelmesser zuschneiden.

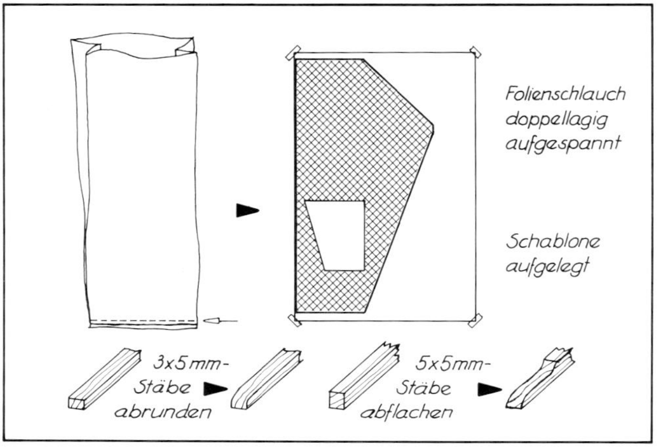


Die abgerundeten oder abgeflachten Stabenden werden mit 6 cm langen Klebebandstreifen an der Folie befestigt. Klebefilmstreifen fixieren die Lage der Stäbe und schützen die Ecken der Löcher gegen Einreißen. Nur wenn Sie sehr dünne und flattrige Folie verwenden, empfehle ich, alle offenen Ränder mit Dekorationsband abzukleben.

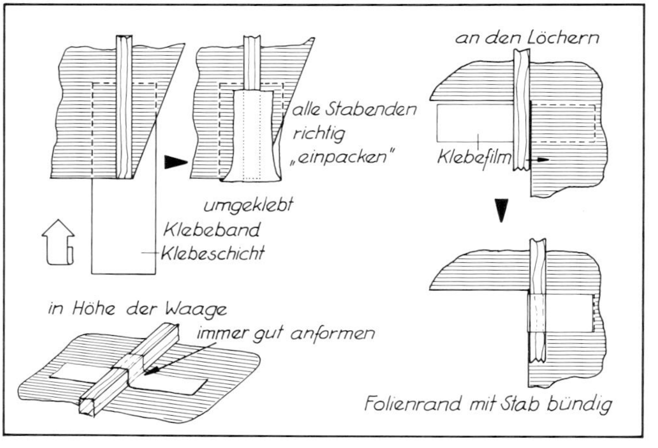


Die kleinen Hölzchen, die Sie in die seitlichen Ecken einkleben, schneiden Sie aus einem Schaschlikstäbchen oder (für Serienfertigungen) aus einem Abschnitt eines Bambusstabes. Um die Stäbchen werden dann die Enden der Waage angebunden. Üben Sie den Achtknoten, den Sie sehr oft anwenden können.

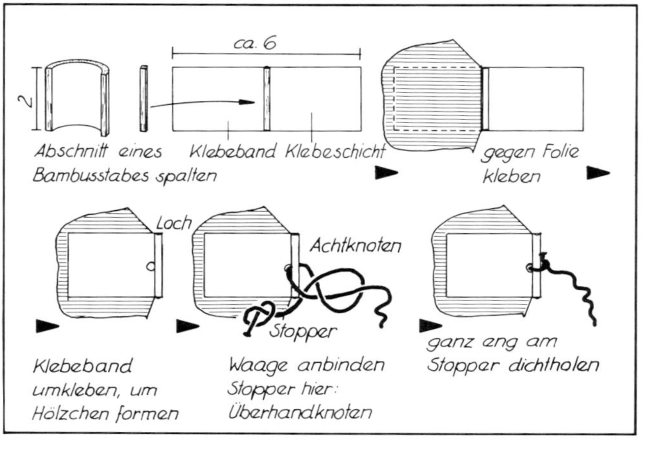

Sleds in allen Variationen: Mit einem Ausschnitt in der Eintrittskante, mit verschiedenen Öffnungen in der Baldachinfläche und ein Paar mit Ed-Grauel-Öffnungen.

An einer Schnurschlaufe oder einem Ring, genau in der Mitte der Waage, befestigen Sie die Drachenschnur am einfachsten mit einem Achtknoten. Ein Hölzchen am Leinenende muß man nur durch den Ring oder die Schlaufe schieben, um eine schnell lösbare Verbindung zu bekommen. Wirbel (mit Haken) erlauben der Leine, sich selbst zu entdrillen.

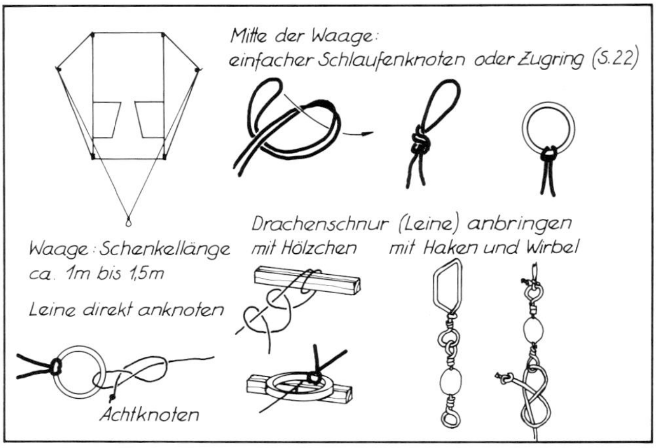


## *Vor dem Start*

Ihr Fluggelände muß ein Grundstück sein, das frei von Bäumen ist und möglichst weitab von Hochspannungsleitungen, befahrenen Straßen, Eisenbahnlinien und Flughäfen liegt. Ungünstig ist ein Gelände im Windschatten von Gebäuden oder Baumgruppen oder hinter Bergkuppen, da dort die Luft meist stark verwirbelt ist. Ganz ausgezeichnet für das Steigenlassen ist ein flacher Berghang, der mit dem Wind ansteigt, oder ein Meeresstrand bei auflandigem Wind. Begrenzen Sie die Flughöhe Ihres Drachens auf 100 m. Beobachten Sie das Wettergeschehen. Holen Sie Ihren Drachen beim Herannahen eines Gewitters schleunigst ein, damit Sie mit der Leine nicht zum Blitzableiter werden.

*Start aus der Hand*
Prüfen Sie die Windrichtung, indem Sie Gras oder Sand hochwerfen oder einen angefeuchteten Finger hochhalten. Stellen Sie sich mit dem Rücken zum Wind und schwingen Sie den Sled in die Fluglage hoch. Wenn der Baldachin sich öffnet, geben Sie dem Drachen so dosiert Schnur, daß er nicht zusammenklappt.

Selbst bei sehr schwachem Wind können Sie den Sled mit dieser Methode in beträchtliche Höhe bringen.
Driftenlassen:
Geben Sie dem Drachen so viel Schnur, daß er gerade noch die Richtung hält.
Steigenlassen:
Schnur anspannen oder etwas einholen und wechselweise ziehen und nachgeben (pumpen).

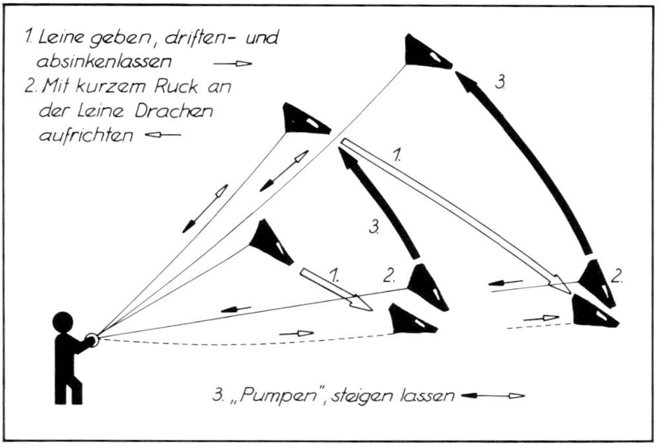


## *Sledvarianten*

Auch durch einen runden Ausschnitt in der Eintrittskante kann der Sled sehr gut stabilisiert werden.
Den Materialbedarf für dieses Modell entnehmen Sie direkt der Zeichnung. Grundmaß und Material der Sledvarianten (unten) entsprechen dem des Schlittendrachens mit Ed-Grauel-Öffnungen.

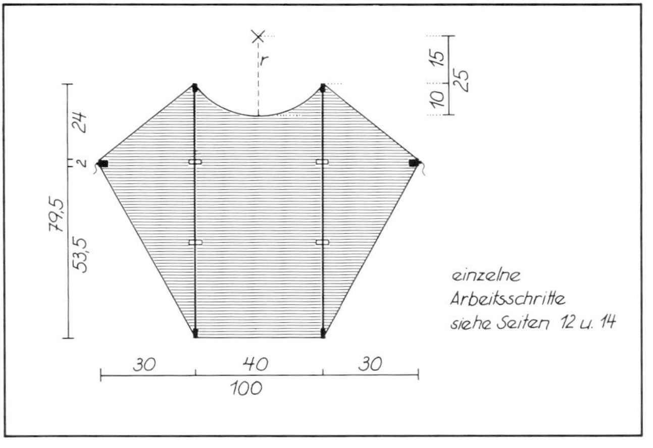


Weitere Varianten mit verschiedenen Öffnungen:
A: Einfach, aber nur geringe Stabilisierung.
B: Sehr gut.
C: Ausgezeichnet. Günstig als Mund bei der Dekoration eines Gesichts.
D: Die Blume, eine Idee meiner Tochter Maresa, stand in der stabilisierenden Wirkung den Öffnungen B und C nicht nach.

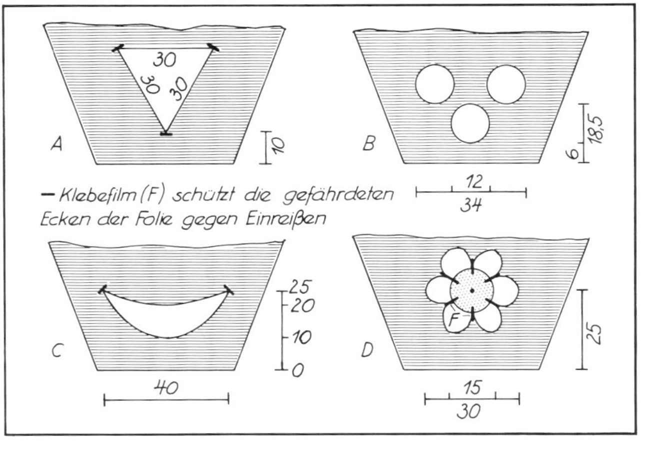

## *Sleds verdoppeln und verketten*

Voraussetzung für den Aufbau der Sledpaare sind vollkommen gleiche Grundmodelle. Schneiden Sie die Folie für mehrere Drachen gleichzeitig zu, indem Sie die Folien glatt übereinanderlegen. Auch die Waagen müssen Sie genau gleich lang bemessen.

Zwei einfache Sleds lassen sich mit zwei kurzen Klebebandstreifen zu einem Paar vereinigen, mit dem Sie sich weitere Spielmöglichkeiten eröffnen. Wenn man mehrere Paare in Kette fliegen läßt, muß man die Drachenleine durch jedes Paar nach hinten durchführen. Die Kräfte der einzelnen Paare summieren sich auf der Leine; sie dürfen niemals an einem einzelnen Drachen wirksam werden. Bevor Sie eine solche Himmelsleiter starten, sollten Sie sich eine sichere Verankerung für das Leinenende schaffen, denn die enormen Zugkräfte können den Drachenpiloten überfordern. Beim Verdoppeln habe ich bei dem Modell mit Ed-Grauel-Öffnungen die besten Erfahrungen gemacht.

Die Gerüststäbe werden auf der Rückseite an zwei Stellen verbunden und die Waagenschnüre an einem gemeinsamen Zugring vereinigt und eingestellt.
Um weitere Drachenpaare an derselben Leine anbinden zu können, muß die Leine im Punkt a zwischen den Stäben nach hinten geführt werden (s. u.).

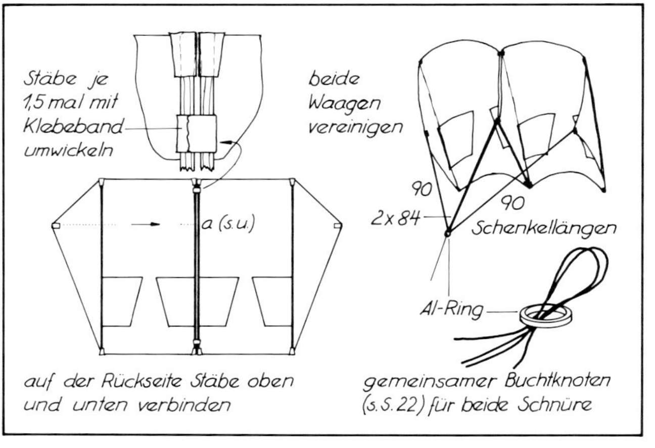


Den Zugring drehbar in der (etwas überdimensionierten) Leine befestigen, die Sie am besten aus 3 bis 5 m langen Stücken zusammenknoten. Die Leine wird an der Spitze der Kiele (b) und zwischen den Stäben (a) durch Schlauchstücke geführt. Die Holzkugel K verhindert, daß der Doppeldrachen nach vorne fällt, wenn der Winddruck wegbleibt.

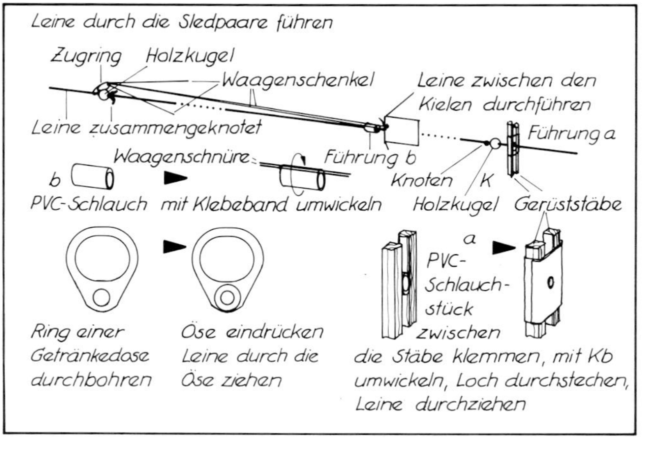

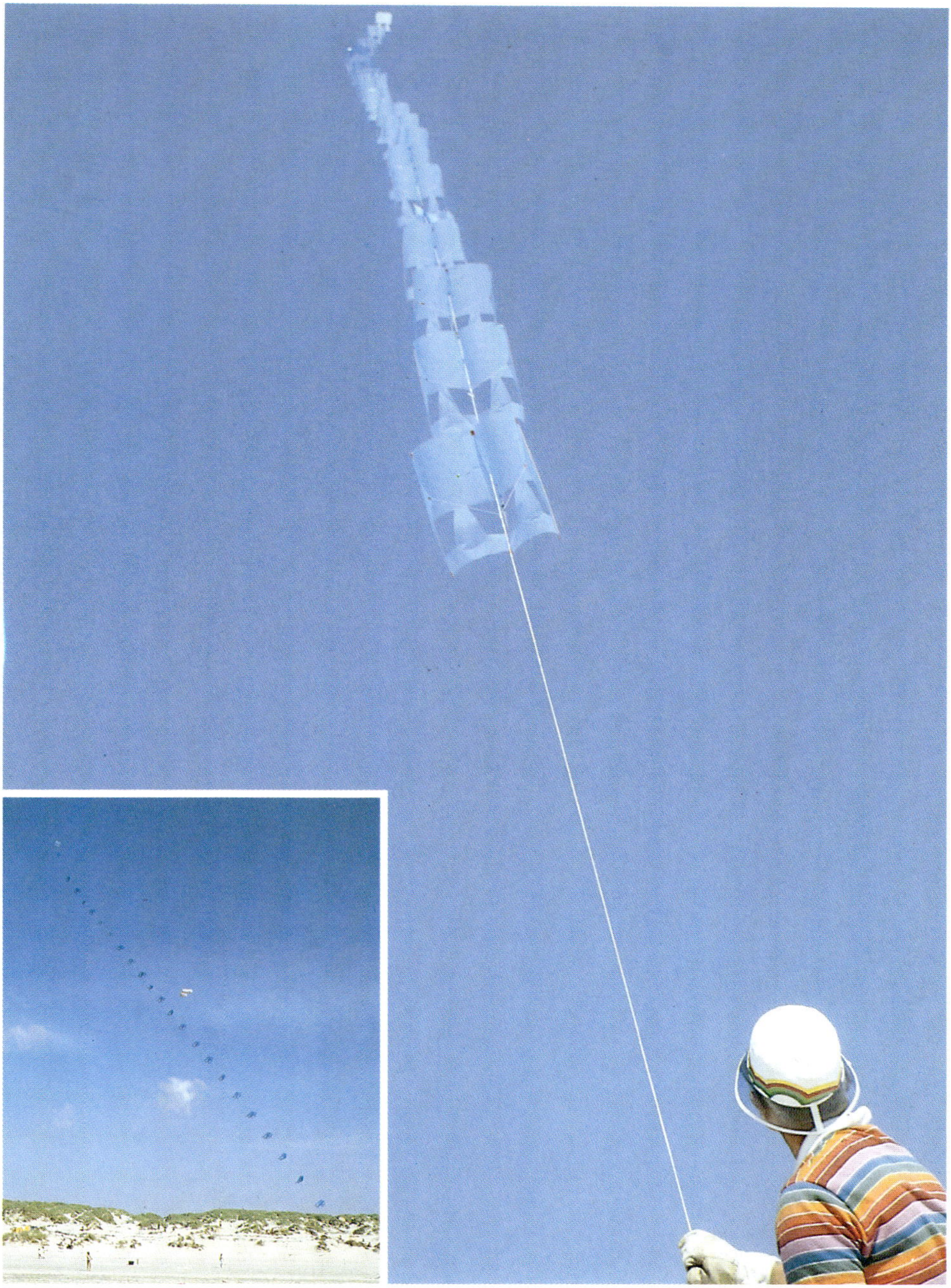

Harald prüft die enorme Spannung auf der Leine nach dem spektakulären Start der Himmelsleiter aus 50 Sleds, die paarweise in eine kräftige Schnur gebunden sind.

# *Geometrische Formen*

Viele klassische Drachenmodelle haben einfache geometrische Umrisse. Ihre Gerüststäbe sind so angeordnet, daß die Bespannung eine ebene Fläche bildet; sie sind Flachdrachen, die zur Flugstabilisierung eines Schwanzes bedürfen. Flachdrachen baut man in der Regel nicht sehr groß. Man muß daher mit möglichst leichtem Material und sehr genau arbeiten, um Drachen mit tadelloser Symmetrie zu erhalten, die für geringe Windgeschwindigkeiten geeignet sind.

Traditionell werden die Gerüste dieser Modelle mit einer Schnur umspannt, die die Gerüststäbe in ihrer Lage fixiert und die Ränder der Bespannung festlegt. Bevor ich Ihnen diese Methode erkläre, möchte ich Ihnen zeigen, wie Sie, dank moderner Klebemittel, ein Drachenviereck bauen können, das widerstandsfähig und flugtüchtig ist, aber ohne die „gespannte Schnur" auskommen kann, die für viele Anfänger eine Hemmschwelle darstellt. Wenn Sie sich durch Ihren ersten Flachdrachen ermuntert fühlen, sollten Sie unbedingt meinen Anleitungen zum Bau eines klassischen Gerüsts folgen.

Das kleine Drachenviereck ist, neben dem Sled, ein Modell, das ich mit großem Erfolg mit Kindern ab sieben Jahren gebaut habe. Unter Anleitung benötigen die Kinder zwei bis drei Stunden bis zum ersten Start; Erwachsene schaffen den Bau in weniger als einer Stunde. (Materialkosten ca. 2 DM).

## *Drachenviereck stark vereinfacht*

Sie brauchen:
Fichten- oder Raminleistchen, ca. 5 x 5 mm, je eine 48 cm und 60 cm lang. Einen halben Bogen Pergaminpapier, eine halbe Rolle Kreppapier. Alleskleber, Klebefilm und Klebeband, 19 mm breit. Zweischenkelige Waage 24/33 mit Zugring.

Der Klebefilm auf den Papierrändern übernimmt, zusammen mit dem Klebeband, das die Bespannung an den vier Ecken fest mit den Gerüststäben verbindet, die Rolle der „gespannten Schnur". Stabilisierungsstreifen und Schwanz sorgen für einen zuverlässigen Flug und sollten farblich gut auf die Bespannung abgestimmt werden.

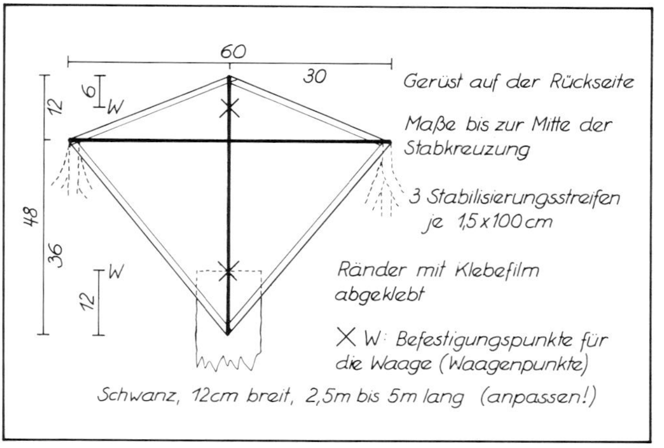


Durch diese Faltmethode bekommen Sie im Kreuzungspunkt exakt rechte Winkel. Die Form der Bespannung können Sie nach dem zweiten Falten doppellagig zuschneiden; genauer arbeiten Sie aber, wenn Sie das Papier flach aufspannen und vom Kreuzungspunkt aus messen. Alle Papierränder werden auf der Rückseite mit Klebefilm beklebt.

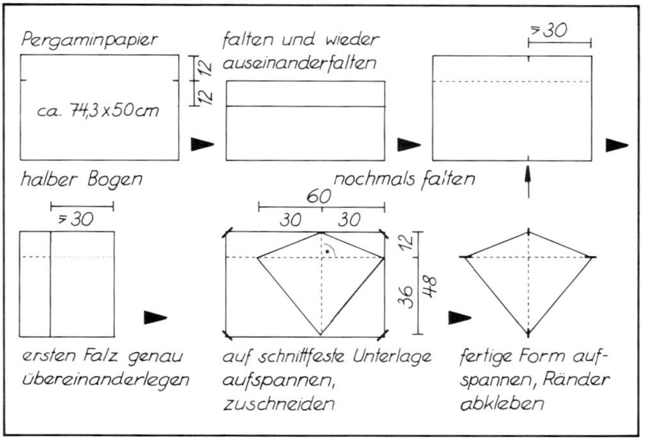


Die Gerüststäbe werden ebenfalls auf der Rückseite der Bespannung angebracht. Bevor der Klebstoff getrocknet ist, lösen Sie das Papier von der Unterlage, indem Sie die Ecken mit einem Messer nachschneiden. Ziehen Sie die Bespannung zu den Spitzen hin glatt, und korrigieren Sie dabei nochmals die Lage der Gerüststäbe.

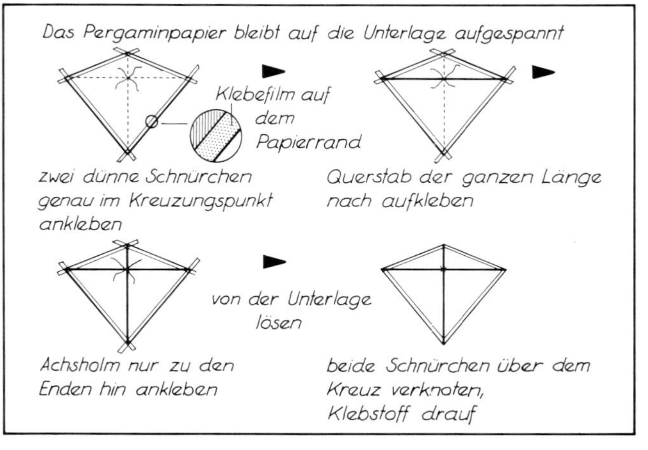

Die Befestigung des Stabendes wird hier für die untere Spitze des Vierecks gezeigt. Schaffen Sie die entsprechenden Verbindungen an allen vier Ecken, die der Konstruktion die letzte Festigkeit geben. Bedienen Sie sich der Spitze eines Messers, um die kleinen Ecken des Klebebandes umzulegen.

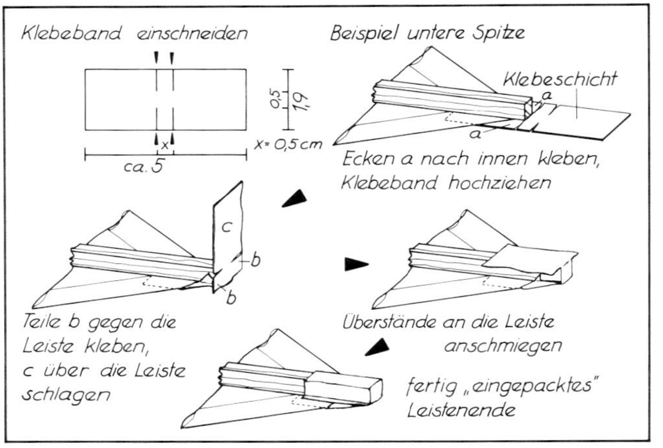


*Waage anbinden*
Die Löcher in der Bespannung dürfen nicht weiterreißen.
Die Schnurenden werden um den Achsholm mit Kreuzknoten, besser aber mit einem der hier gezeigten Knoten festgebunden. Hinter dem Achsholm sollte die Waagenschnur durch Klebstoff oder Klebefilm zusätzlich fixiert werden.

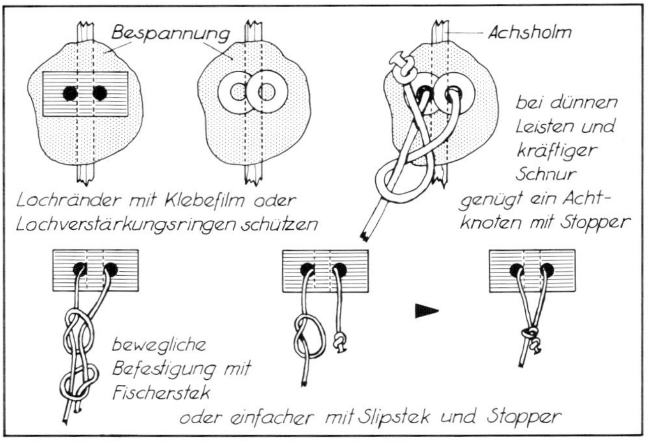


*Ausbalancieren*
Die beiden Drachenhälften müssen, an der Waage gehalten, im Gleichgewicht sein. Ist das nicht der Fall, ziehen Sie zunächst die Waage zurecht. Erneut auf der Rückseite fixieren! Wenn das nichts gefruchtet hat, schaffen Sie den Massenausgleich mit aufgeklebten Holz- oder Papierstückchen oder mit Knetmasse.

Schon die kleinen Drachenvierecke bieten manche Spielmöglichkeit. Maresa führt das einzelne, die übrigen sieben sind mit 10 m langen Seitenleinen an eine Hauptleine gebunden.

Einen Bänderschwanz erhalten Sie am einfachsten aus einer Kreppapierrolle. Damit Sie die Klebestreifen, mit denen Sie den Schwanz ankleben, leicht von der Bespannung abziehen können, schützen Sie die entsprechenden Stellen dauerhaft mit Klebefilm. Gewöhnen Sie sich an, Schwänze immer sorgfältig zu verwahren.

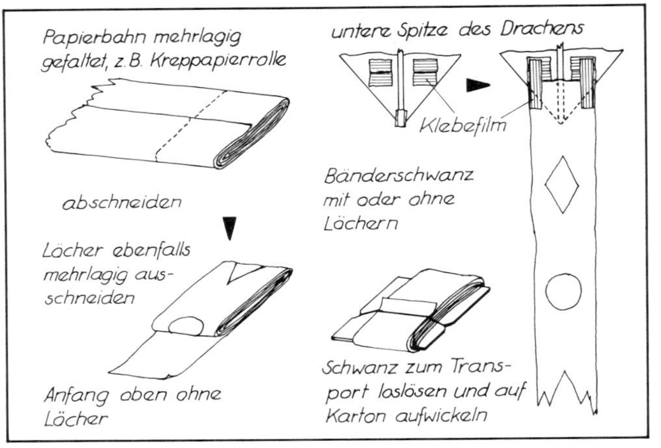


Am bequemsten erfolgt die Waageeinstellung mit einem Zugring. Will man den Ring verschieben, kann man den Buchtknoten leicht lockern. Der Startanstellwinkel ist in der Regel 65° bis 80°. Statt der Winkel mißt man lieber den Abstand der oberen Spitze vom Boden. Die angegebenen Werte gelten nur für eine Drachenlänge von 48 cm.

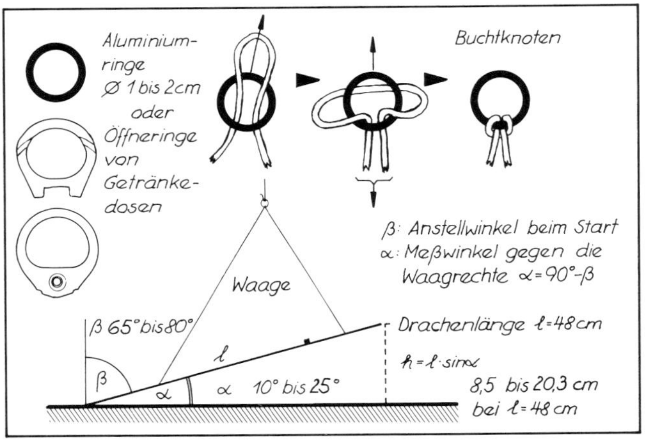


*Hochstart*

Bei einem Hochstart kann der Drachen schneller eine Höhe erreichen, in der der Wind ungestört weht. Wenn der Helfer den Drachen losläßt, zieht der Pilot mit einem kurzen Ruck an der Leine. Mit der Methode des Steigen- und Driftenlassens (S. 15) steigt der Drachen, bei ausreichend Wind, in große Höhe.

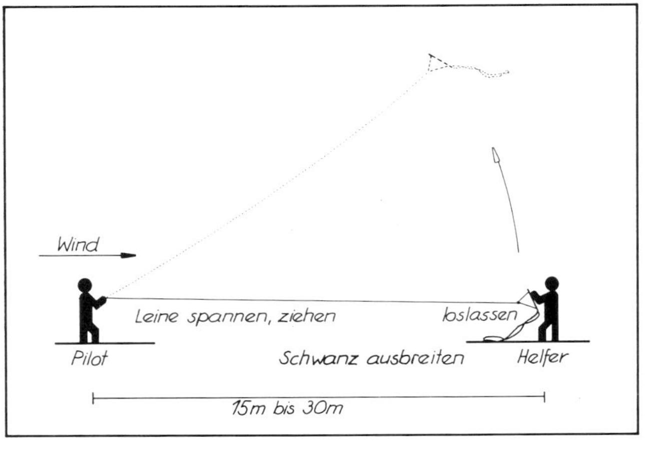

## *Spitzdrachen klassisch gebaut*

Sie brauchen:
Holzleisten, 5 x 5 mm, je eine 81 und 91 cm lang. Dünne Schnur. Bespannung Pergaminpapier (Polyesterfolie, Tyvek). Maschenschwanz (s. u.). Alleskleber, Lochverstärkungsringe. Zweischenkelige Waage 36/66 mit Zugring.

Der Spitzdrachen hat die schlanke Form, die nicht nur in der Umgangssprache, sondern auch in der Geometrie als „die Drachenform" bezeichnet wird. Gerade dieses klassische Modell vermittelt einige Arbeitsschritte, die Sie vielfach anwenden können, so daß es als „Pflichtdrachen" für jeden ernsthaften Drachenliebhaber eingeführt werden sollte. Das schnurumspannte, leichte, aber formbeständige Gerüst ist ein Muster für viele andere Gerüste. Lernen Sie mit mir, ein solides Kreuz zu binden und die Gestalt des Drachens mit der gespannten Schnur einwandfrei zu fixieren. Gleichzeitig zeige ich Ihnen, wie Sie eine Papierbespannung fachgerecht aufbringen können.

Nach der klassischen Methode wird das Gerüst zunächst fertig gebaut und dann erst mit der Bespannung verbunden. Die wesentlichsten Bauschritte sind die Kreuzverbindung (K) und das Anbringen der gespannten Schnur (S). Diese Arbeiten fallen bei den meisten Gerüsten klassischer Drachen an.

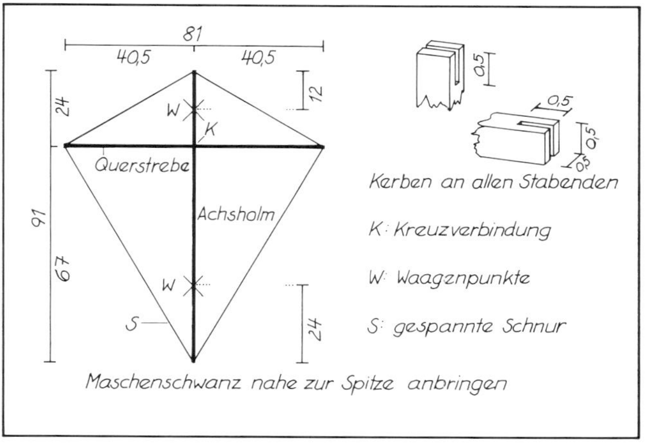


*Kerben schaffen*
Die schmalen Kerben an den Stabenden werden mit einer Feinsäge mit einem Sägeblatt für Metall geschnitten. Besonders bequem, mit nur einem Schnitt, schafft man eine feine Kerbe mit einer Säge, bei der man ein zweites Sägeblatt mit Klebefilm an das eingespannte anheftet.

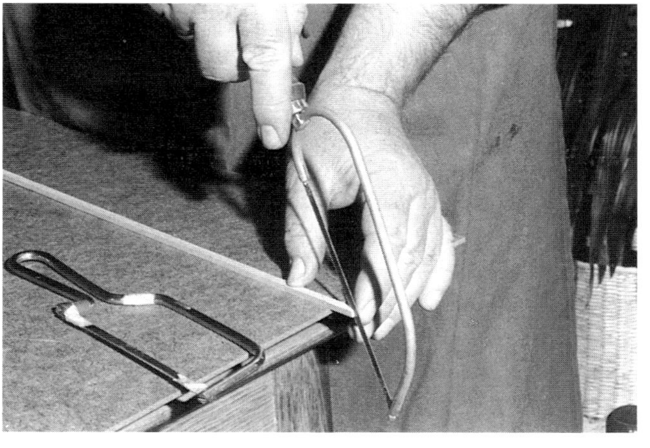

Mit einem Tropfen Klebstoff fixieren Sie die Stäbe zunächst im rechten Winkel. Alle Kerben an den Stabenden müssen dabei parallel zur Unterlage laufen. Wenige, eng angelegte Schnurwindungen ergeben eine wesentlich bessere Kreuzverbindung als große Schnurwicklungen. Am Schluß überstreichen Sie die Verbindung mit Alleskleber oder Leim.

Zeichnen Sie auf Ihre Unterlage ein rechtwinkliges Kreuz, auf dem ein Helfer das Stabkreuz hält. Sicherer arbeiten Sie, wenn Sie das Kreuz mit vier Schraubzwingen auf der Arbeitsplatte festklemmen oder mit Klebefilm fixieren. Das hier gezeigte Vorgehen führt zu einer Verspannung, bei der die Schnur von einem Stabende zum nächsten von Kerbe zu Kerbe verläuft und damit eindeutig festliegt. Durch das Umschlingen der Stabenden wird die Kerbe gleichzeitig gegen weiteres Aufspalten geschützt. Wenn Sie sich davon überzeugt haben, daß die Schnur die Stäbe richtig in der vorgesehenen Lage hält, spritzen Sie alle Kerben mit Klebstoff aus.

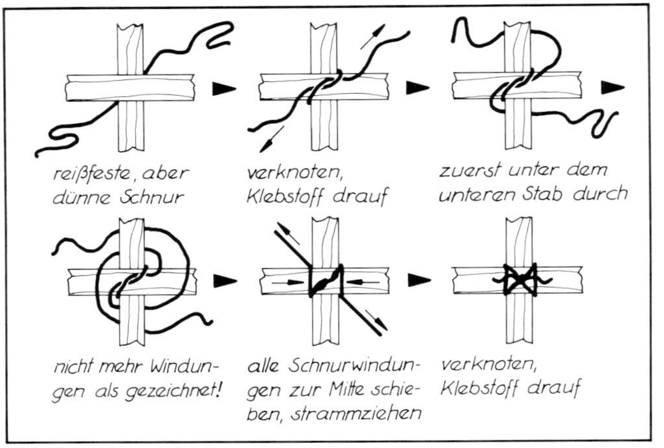


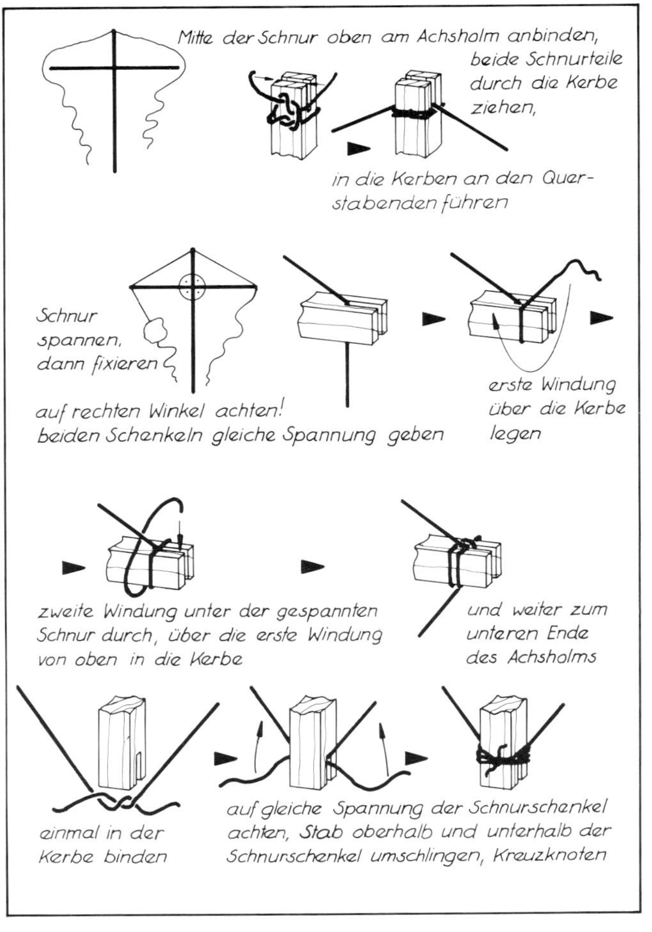

Die klassischen Spitzdrachen haben ihren ganz eigenen, unvergänglichen Reiz. Ich zeige Ihnen, wie Sie wirklich leichtgewichtige und dennoch haltbare Modelle bauen können.

Setzen Sie das Bespannpapier verschiedenfarbig zusammen, bevor Sie es mit dem Gerüst verbinden. Zugabe an allen Ecken einschneiden! Bestreichen Sie die gespannte Schnur und die Papierränder mit Klebstoff. Kleben Sie die Zugabe um die Schnur nach innen, und formen Sie dabei das Papier an die Stäbe und die Schnur an.

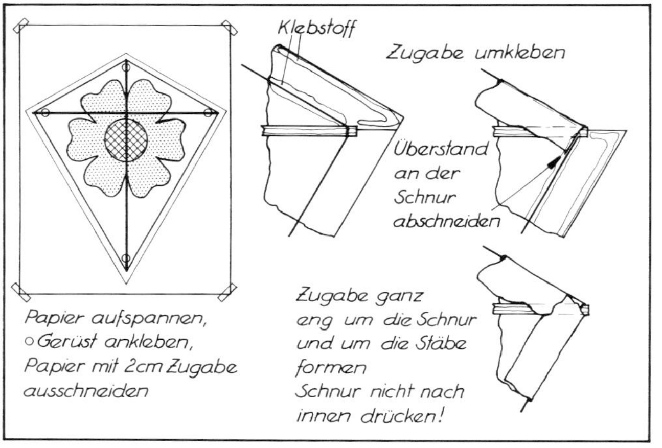


Der traditionelle Maschenschwanz sieht nicht nur lustig aus, er stabilisiert auch den Drachen wie kein anderer. Binden Sie ihn aus Papierabfällen und kräftiger Schnur. Wenn Sie ihn über einen Wirbel befestigen, kann er sich frei drehen und verheddert weniger. Verhindern Sie, daß sich Ihre dünne Leine in ihm verfängt!

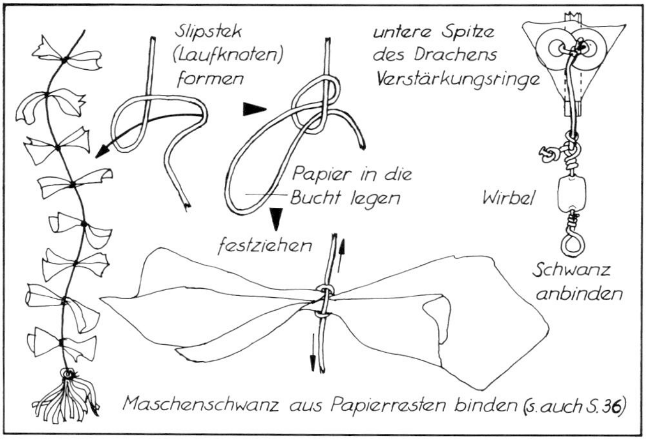


## *Quadrat aus einer Einkaufstüte*

Sie brauchen:
Eine Einkaufstüte.
2 Fichten- oder Raminleisten, 5 x 5 mm, (Länge s. u.). Spannschnur, Klebefilm, Alleskleber. Geflochtene Perlonschnur, Ø 1 mm, und eine Dosenklemme für die dreischenkelige Waage. Schwanz (Schwanzwaage).

In vielen Geschäften wird das Eingekaufte in eine Tragetasche gepackt. Diese Tragetüten bestehen meist aus sehr bunt bedruckten Kunststoffolien, die als dekorative Drachenbespannung dienen können. Das Folienmaterial ist in der Regel Polyethylen, das Sie mit keinem Klebstoff kleben können. Ich möchte Ihnen hier zeigen, wie Sie eine Folienbespannung mit Hilfe von Klebefilm tadellos auf dem Gerüst befestigen, eine gut einstellbare dreischenkelige Waage anbringen und Ihren Drachen mit ganz unterschiedlichen Schwänzen stabilisieren können. Das Schnüren einer Kreuzverbindung und der „gespannten Schnur“ wird bei dieser Drachenkonstruktion vorausgesetzt (S. 24).

Aus der Einkaufstüte schneiden Sie die Bespannung genau quadratisch zu. Wenn Sie die zweite Hälfte der Folie nicht wegschneiden, kann sie, in Fransen geschnitten, zusätzlich stabilisierend wirken. Beim Falten müssen Sie die beiden Teile der ersten Faltlinie genau übereinanderbringen, dann stimmt der rechte Winkel in der Mitte.

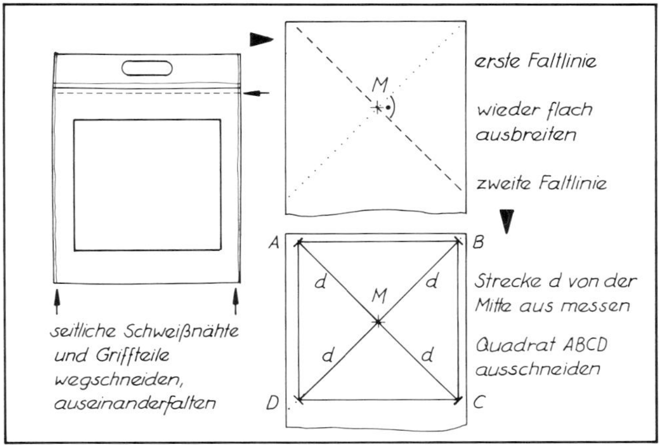


Messen Sie die Diagonale Ihres Folienquadrats, und ziehen Sie davon 1,5 cm ab. Das ist das Maß für Ihre Gerüststäbe, die Sie an den Enden 1 cm einkerben und in der Mitte verbinden. Beschneiden Sie das Quadrat an den Ecken, und spannen Sie die Folie auf.
Das fertige Drachenquadrat wird um den Saum kleiner ausfallen.

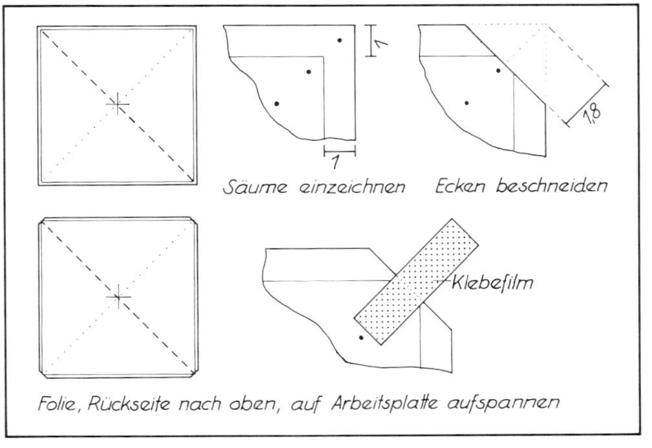


Befestigen Sie die Gerüststäbe mit Klebefilm, und ziehen Sie die gespannte Schnur (S. 24). Heben Sie den Saum der Folie etwas an, und spannen Sie, halb darunter, einen Klebfilmstreifen, Klebeschicht nach oben, auf die Unterlage. Wenn Sie sich nach der Zeichnung richten, bekommen Sie eine faltenfreie Bespannung.

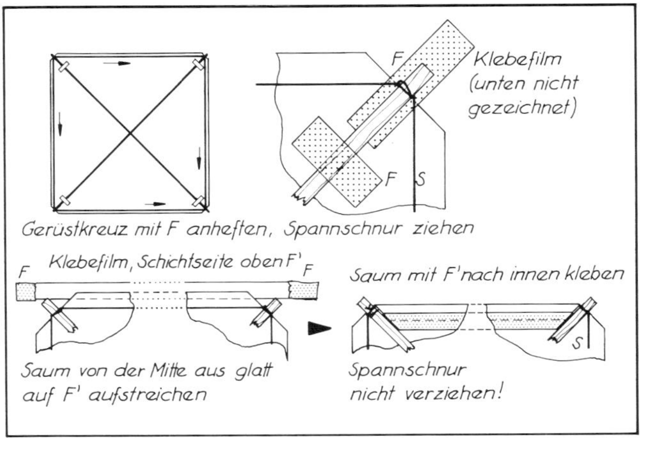

Die Leine wird an eine dreischenkelige Waage gebunden, deren Schenkel Sie im Zugpunkt verknoten können. Erleichtern Sie sich die Waageneinstellung mit der Einstellhilfe aus einer Dosenklemme (Baumarkt, Elektrohandel). Ein Blechstreifen von einer Cremetube verhindert, daß die Schnüre durch die Klemmschraube beschädigt werden.

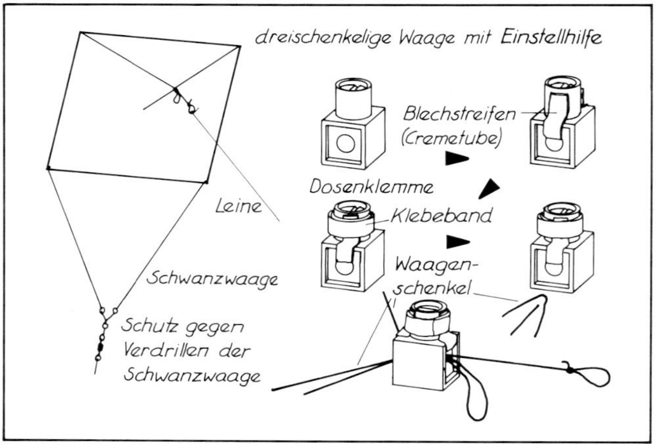


Befestigen Sie die Waagenschnüre an den Stabenden so, daß sie nicht abspringen können. Die Stabkreuzung dient als Führung für den dritten Waagenschenkel, wenn man ihn unter dem Kreuz nach vorne zieht. Drahtwinkel und Wirbel verhindern, daß die Rotation des Schwanzes auf die Schwanzwaage übertragen wird.

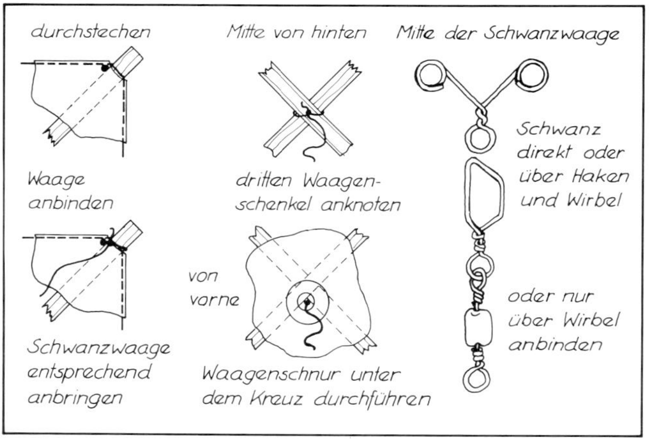


*Zum Foto gegenüber*
Sechs verschiedene Schwanzformen: Oben Quadrate mit Fransen und kurzem Kreppapierband, mit breiter Kreppapierbahn (erscheint wie eine Schlange) und mit langem Baustellenabsperrband über Schwanzwaage. Die Drachen unten haben einen Schleifenschwanz, drei Kreppapierbänder und einen Maschenschwanz.

Die Quadrate und die nachfolgenden Hexagondrachen kann man mit sehr unterschiedlichen Schwänzen fliegen, die nicht nur das Erscheinungsbild der Drachen prägen, sondern auch in der stabilisierenden Wirkung große Unterschiede zeigen. Ganz hervorragend stabilisiert ein Maschenschwanz; er verheddert nur gerne. Zwei Schwanzbänder sind einem einzelnen vorzuziehen. Gezielt durchbrochene Schwanzbänder sind immer besser als glatte. Besonders gut wirkt ein Baustellenabsperrband, das als Schleife von einer Ecke des Drachens zur anderen geführt wird. Wenn man beim Quadrat die zweite Hälfte der Folientasche als Fransen stehenläßt, kann der Schwanz kürzer ausfallen.

Am besten wirken großflächige Drucke auf den Einkaufstüten. Beachten Sie, wie stark die unterschiedlichen Schwänze das Erscheinungsbild der Drachenquadrate beeinflussen.

## *Hexagondrachen*

Sie brauchen:
Drei Raminstäbe, 5 x 5 mm, 80 cm lang. Papierbespannung, Spannschnur, Alleskleber. Dreischenkelige Waage 41 / 41 / 47. Maschenschwanz mit Schwanzwaage oder andere Schwanzformen wie bei den Quadraten.

In den Balkanländern sind Hexagondrachen besonders populär. Sie zeichnen sich durch sehr gute Flugeigenschaften und mechanische Stabilität aus. Wichtigste Voraussetzung für einen gelungenen Hexagondrachen sind eine gute Verarbeitung und eine regelmäßige Sechseckform des Gerüsts. Um diese zu erreichen, fertigen Sie einen Hilfszirkel an, indem Sie eine Holzleiste im Abstand des gewünschten Radius mit zwei Löchern versehen, durch die Sie einen Nagel und einen Bleistift stecken. Mit diesem Zirkel konstruieren Sie auf Ihrer Arbeitsplatte ein regelmäßiges Sechseck. Beim Ziehen der „gespannten Schnur" richten Sie das Gerüst an dem aufgezeichneten Sechseck aus.

Die Reihenfolge beim Bauen ist gleich wie beim Spitzdrachen. Obwohl die Gerüststäbe einen kleinen Querschnitt haben, sind sie, zu einem gut verspannten Sechseck verarbeitet, mechanisch sehr gut belastbar. Die Kerben an den Stabenden sind 0,5 cm tief.

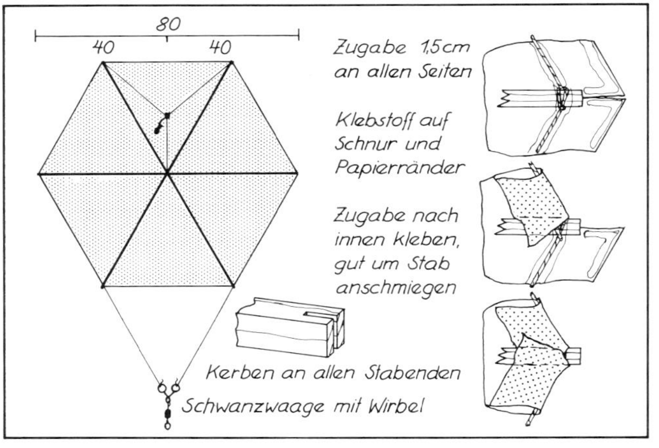


Die Stäbe werden in der Mitte im richtigen Winkel aufeinandergeklebt und ganz ähnlich wie bei der Kreuzverbindung verschnürt. Legen Sie nicht mehr Windungen um die Stäbe, als ich gezeichnet habe. Beim fertigen Gerüst sollte der waagrecht verlaufende Stab ganz hinten liegen.

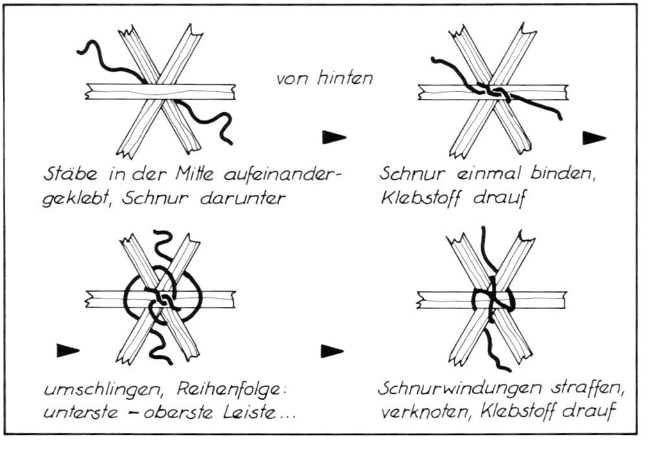

Wie Sie die dreischenkelige Waage und die Einstellhilfe anfertigen, habe ich auf Seite 28 beschrieben. Sichern Sie alle Löcher in der Bespannung mit Lochverstärkungsringen oder glasfaserverstärktem Klebefilm.
Die Schwanzwaage binden Sie an den unteren Ecken entsprechend an.

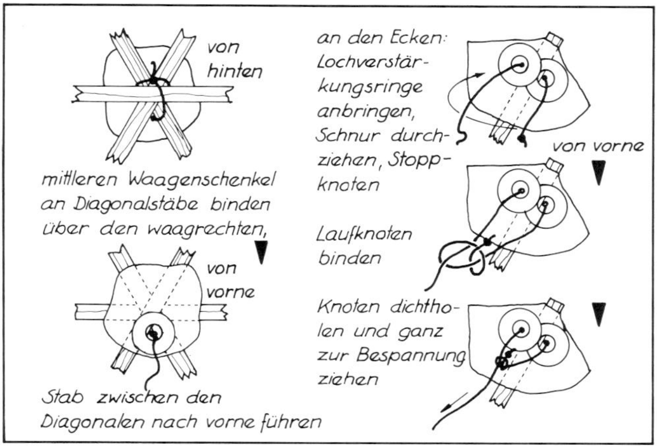


## *Hexagonstern*

Das Gerüst besteht aus 8 x 8 mm-Raminstäben. Die Sternform wird durch Schnüre begrenzt. Als Bespannung wählte ich hier metallisierte Mylarfolie, die mit Alleskleber um die Schnüre befestigt wurde. Dreischenkelige Waage 47 / 47 / 34 (starker Wind). Die Flugeigenschaften sind ausgezeichnet. (Farbfoto Seite 9).

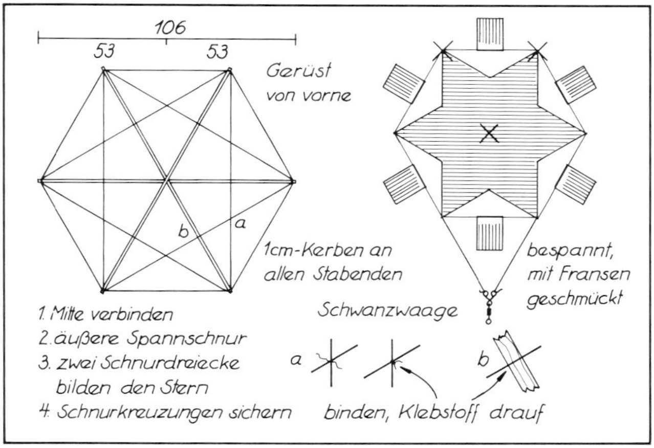


Das Sechseck ist eine der günstigsten Drachenformen überhaupt. Man kann es auch wesentlich größer (z. B. mit einem Bambusgerüst) bauen, erhält aber durch die Transportmittel schnell Grenzen gesetzt. Aufwendigere Hexagons aus Stoff (siehe „Drachen bauen") sind dagegen problemlos in schlanke Rollen zu verwandeln. Als Kinder bauten wir unsere ersten Sechseckdrachen mit einer Spannweite bis zu ca. 75 cm mit Schilfgerüsten und Seidenpapierbespannung. Diese Leichtgewichte können auch sanftesten Wind nutzen.
Die meisten leistungsfähigen Bermudadrachen leiten sich von Sechseck- und Achteckdrachen ab, bei denen die Gerüststäbe nach oben verlängert wurden.

# Schlangendrachen

## *Große Schlange*

Sie brauchen:
3,2 m Tyvek (1,5 m breit).
Abtönfarben.
1 Bambusstab, Ø 10 mm, 77 cm lang, 1 Bambussplittstab, 60 cm lang,
1 Glasfiberstab, Ø 4 mm, 180 cm lang, oder entsprechende Bambusleiste. Alleskleber, dünne Schnur. Zweischenkelige Waage, 63 / 96.

Thaischlangen waren die Vorbilder für viele Schlangenformen, die man bei uns findet. Ihr Bau ist wirklich einfach und wird Ihnen keine Schwierigkeiten bereiten, wenn Sie die Grundtechniken an den vorausgegangenen Flachdrachen erlernt haben. Richtige Arbeit für den Drachenbauer erfordert nur der Schlangenkopf. Der Schlangenkörper und eventuelle Schwänze stellen mehr gestalterische Aufgaben, die sich bevorzugt als Gemeinschaftsarbeit einer Familie oder von Kinder- oder Jugendgruppen bewältigen lassen. Die großen Flächen bieten Ihrer Fantasie ein großes Betätigungsfeld. Die Schlangen fliegen, auch wenn sie sehr groß gebaut werden, problemlos, leicht und elegant.

Mit einigen Strichen einer Säge schaffen Sie die feinen Kerben nahe den Stabenden. Binden Sie zuerst die beiden Kreuzverbindungen auf dem Achsholm, und formen Sie dann den Bogen, indem Sie die Enden des Glasfiberstabs mit dem Querstab verschnüren. Klebstoff auf alle Verbindungen!

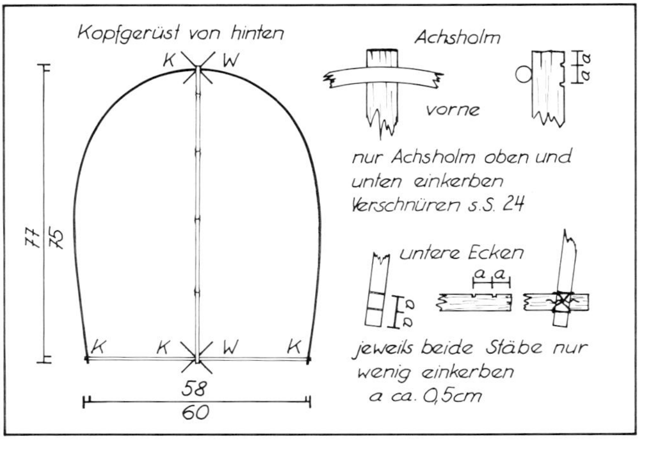

Maresa startet die große Schlange, die sie mit Abtönfarben bemalt hat. Harald und Alfred haben die Riesenschlange und die schwarze Schlange schon in großer Höhe stabilisiert.

Der Kopf wird zunächst fertig bespannt. Wenn Sie beim Aufkleben des Gerüsts darauf achten, daß der Achsholm genau senkrecht auf dem Querstab steht, richtet sich auch der Bogen symmetrisch ein. Alle Zugaben werden ganz eng um die Stäbe geformt, wobei man ruhig in Kauf nehmen sollte, daß die Zugabe auf der Rückseite kleine Falten wirft.

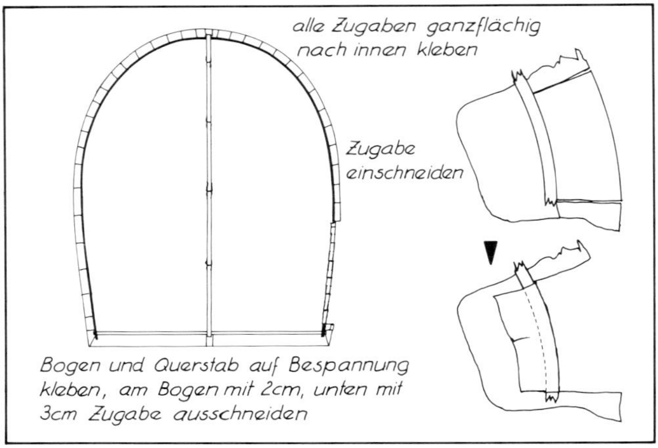


Durch das dargestellte Vorgehen bekommen Sie eine 10 m lange Tyvekbahn aus nur 2,5 lfm Tyvek. Schneiden Sie entlang d und kleben Sie dann die beiden seitlichen Streifen 1 cm überlappend entlang den Kanten a zusammen. Fügen Sie Kante c an Kante b an. Kopf und Körper müssen sehr sorgfältig miteinander verklebt werden.

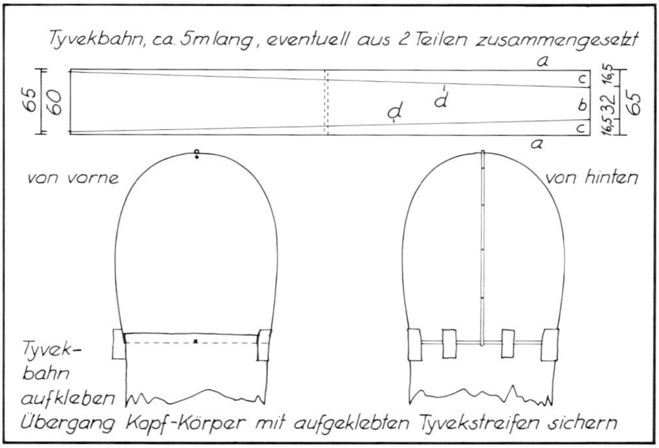


## *Weitere Schlangen*

Bei der Gestaltung der Schlangen hat man große Freiheiten. Ein solide verarbeiteter Kopf ist eine wichtige Voraussetzung.

Die schwarze Schlange hat ein Gerüst aus Fichtenleisten: Bogen und Querstäbe, 5 x 5 mm, Achsholm 8 x 8 mm. Schützen Sie alle Ränder der Papierbahnen auf der Rückseite mit Klebe-

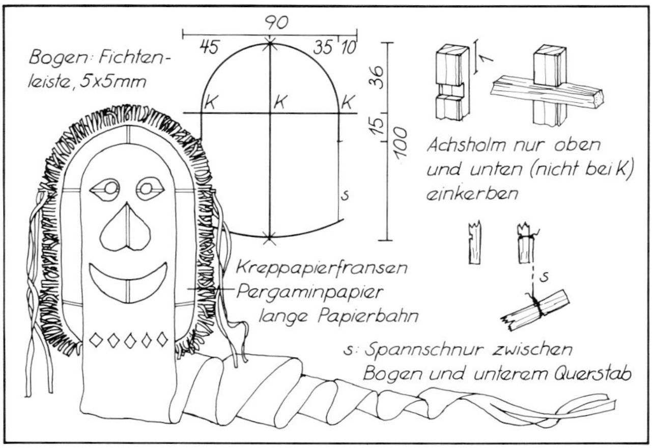

film gegen Einreißen. Kleinere Schlangen können Köpfe erhalten wie das Quadrat auf Seite 27 oder wie die beiden rechts dargestellten Formen. Die Riesenschlange hat ein gut verspanntes Bambusgerüst. Die 20 m lange Papierbahn wird am besten hell unifarben eingefärbt und mit kräftigen Farben strukturiert.

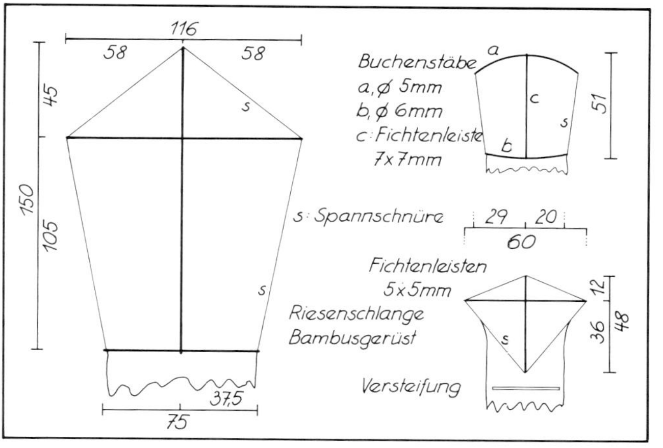


Kopf und Körper müssen sehr gut miteinander verbunden werden. Ein langer Schlangenkörper neigt dazu, der Länge nach zusammenzuklappen oder gar zu verdrehen. Dünne Bambusleistchen oder gestreckte Peddigrohrstücke, die man im Abstand von 2 bis 3 m quer auf die Rückseite klebt, können das verhindern.

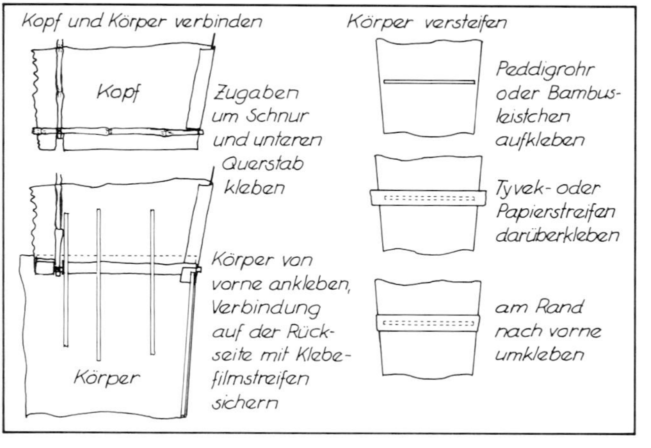


*Schmücken*

Außer Schwänzen sind Bänder, Fransen und Quasten die häufigsten schmückenden Zutaten an Schlangen und vielen anderen Drachen. Sie leisten oftmals auch einen Beitrag zur Flugstabilität.

Lange Papierbahnen, die man unifarben einfärben möchte, legt man flach aus und bringt dann mit einer Deckenbürste wasserverdünnte Abtönfarbe auf. Vielfarbige Bemalungen auf Papier und Tyvek nimmt man mit Abtön-, Acryl- oder Plakafarben vor. Kleinere Tyvekflächen lassen sich auch mit Filzstiften oder Wasserfarben anmalen. Letztere sollte man durch Übersprühen mit farblosem Lack wasserfest machen. Die farbigen Flächen im Körper der schwarzen Schlange sind Ausschnitte, die mit buntem Seidenpapier hinterlegt wurden. Wenn Sie Ihren Drachen mit Kreppapierbändern oder mit Seidenpapierquasten schmücken möchten, achten Sie darauf, daß er nicht zu schwer wird.

Quasten nach asiatischen Vorbildern erhält man aus Seidenpapier. Das fransig geschnittene Papier liegt doppelt. Schnur anbringen, oberen Rand mit Klebstoff bestreichen, in der Mitte falten und leicht spiralig aufrollen.
Eine einfachere Quaste bindet man aus Papierstreifen (rechts oben).

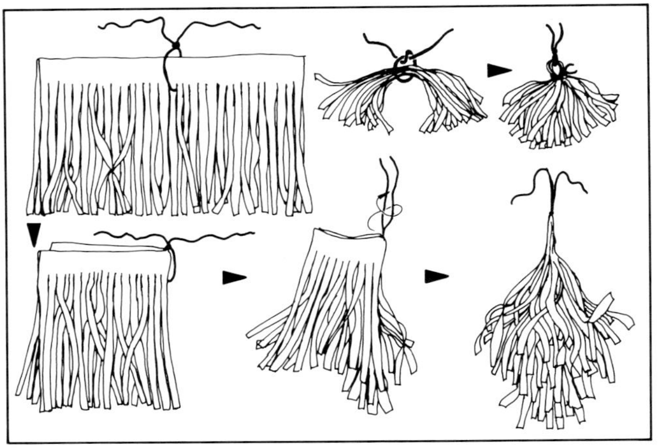

## *Krake*

Den Bedarf entnehmen Sie am besten den Zeichnungen. Der Achsholm wird aus einem 50cm-Bambussplittstab geschnitten. Alle Stäbe werden 5 mm von ihren Enden entfernt leicht eingekerbt (Säge), damit die Schnüre nicht abrutschen können.
Am Schluß überstreichen Sie alle Verschnürungen mit Klebstoff.

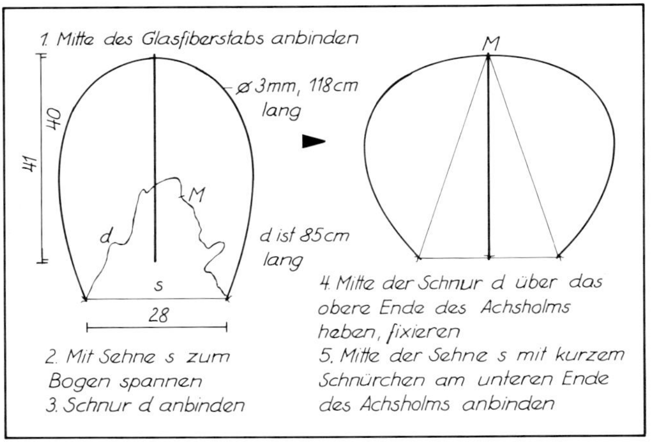


Die Bespannung gewinnt man aus einem 90-Liter-Müllsack. Um den Bogen muß die Folie mit vielen kleinen Klebefilmstreifen sorgfältig angeklebt werden.
Die Fransen reichen für die Stabilisierung nicht aus. Mit Schwänzen aus 12 cm breiten Kreppapierstreifen fliegt der Krake auch bei kräftigem Wind zuverlässig. Zweischenkelige Waage 33 / 51.

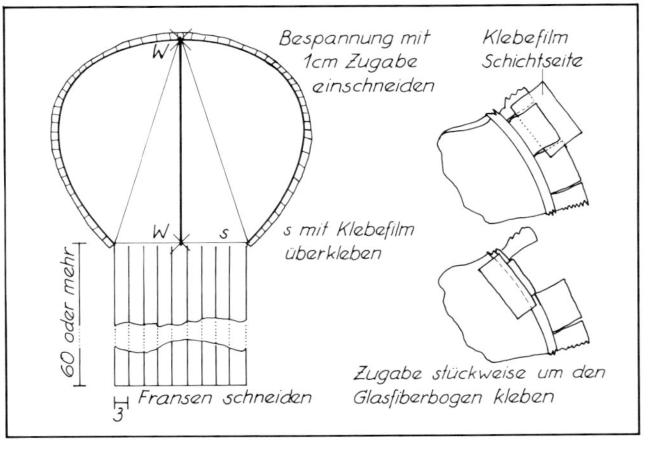

Der Krake ist ein ausgezeichneter Drachen, der auch in hartem Wind fliegt. Links Papierschlangen mit Köpfen, wie sie auf Seite 35 gezeichnet sind.

# *Gebogene und gebauschte Drachen*

William A. Eddy, ein amerikanischer Journalist, Fotograf und experimentierfreudiger Drachenbauer, entwickelte um 1890 den nach ihm benannten schwanzlosen Bogendrachen, für den er 1900 ein Patent erhielt. Ähnliche gebogene Drachen, die sogenannten Malaiendrachen mit quadratischer Form, kennt man seit Hunderten von Jahren aus Java. Drachenzüge aus mehreren Eddy-Drachen erreichten hohe Zugkräfte und wurden 1894/95 zum Transport meteorologischer Meß- und Registriergeräte (Blue-Hill-Observatorium, Massachusetts [USA] und US-Wetteramt) genutzt. Mit Hilfe seiner Drachen gelangen Eddy schon sehr früh Luftaufnahmen. Die Querstrebe des Eddy-Drachens wird mit einer Schnur zum Bogen gespannt. Dadurch werden die beiden Drachenhälften in einem Winkel zueinander angeordnet, und die Bespannung kann sich etwas nach hinten ausbauschen. Die gewinkelte Form der Drachenfläche, die den Achsholm wie den Kiel eines Schiffes hervortreten läßt, sorgt für die Längs- und Seitenstabilität. Die gebauschte Form der Bespannung bedingt zusätzlich einen geringen Auftrieb durch den Tragflügeleffekt, wie man ihn von Flugzeugen her kennt. Unser leistungsfähiger Eddy hat eine reißfeste Bespannung aus Tyvek und ein leichtes Gerüst aus Fichtenleisten. Er läßt sich mit wenigen Handgriffen zerlegen und zum Transport in eine schlanke Rolle verwandeln. Der Selbstbau kostet weniger als 10 Mark.

## *Eddy*

Sie brauchen:
Ca. 1,2 m des 150 cm breiten Tyveks. 2 Fichtenleisten, 5 x 15 mm, je 116 cm lang. 6 m geflochtene Perlonschnur, Ø 1 mm, Schnurreste, 25 cm Leinenband, 1 D-Ring, 1 Öse, 2 Dosenklemmen, Alleskleber oder Weißleim. Zweischenkelige Waage 73 / 120.

Die Bespannung schneiden Sie allseitig mit 1,5 cm Saumzugabe aus Tyvek zu. Genau auf die spätere Umrißlinie kleben Sie die 1 mm starke geflochtene Schnur glatt, aber ohne sie zu dehnen, auf. Den Saum bestreichen Sie ganzflächig mit Klebstoff oder Weißleim, bevor Sie ihn gut um die Schnur geformt nach innen kleben.
An allen vier Ecken hält ein Überhandknoten die Schnurschlaufen direkt an den Spitzen zusammen. Ein zweiter Überhandknoten fixiert die Spannschnur in der Kerbe oben. Unten führt man die Spannschnur durch den D-Ring in die Kerbe und bindet ebenfalls einen weiteren Überhandknoten zur Arretierung hinter der Kerbe.
Einstellhilfen aus Dosenklemmen ermöglichen es, die Spannung an den seitlichen Spitzen genau einzustellen (s. u.). Die Waage wird unten am Ring mit einem Achtknoten und Stopper sicher gehalten. Verstärken Sie die Bespannung an der Stelle, wo Sie eine Öse einschlagen, um die Waage zum oberen Befestigungspunkt, knapp über der Kreuzung, durchzuführen (s. S. 42).

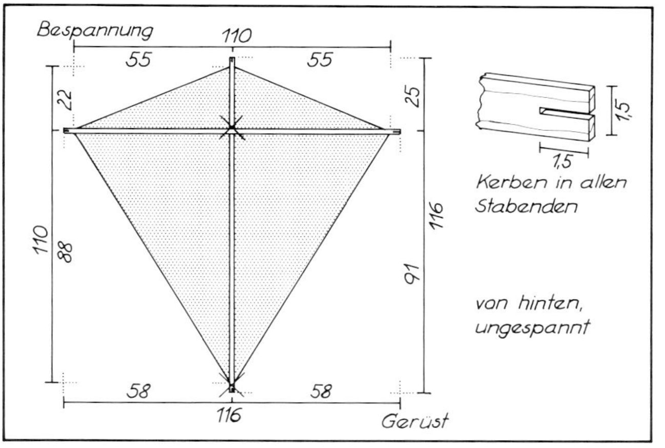


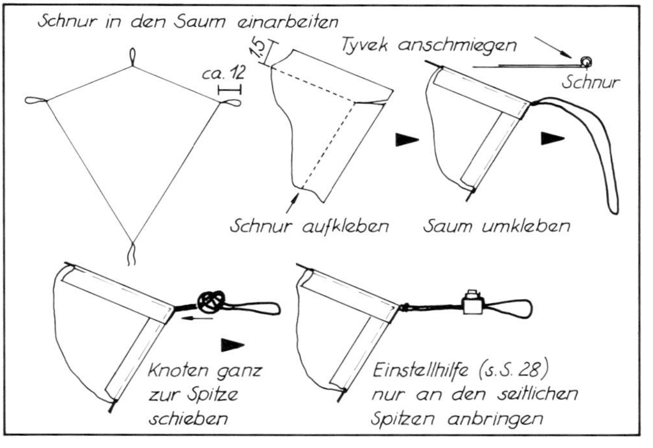


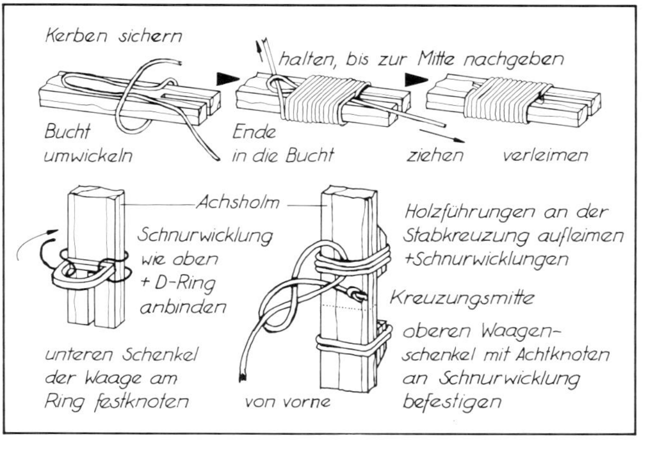

Die Sehne, die den Querstab zum Bogen spannt, wird auf einer Seite in die Kerbe fest eingeklebt, auf der anderen Seite bindet man eine Schlaufe, die in die Kerbe eingehakt wird. Querstab und Achsholm bekommen bei der Kreuzung Führungen und werden zusätzlich durch ein Leinenband, das zur Schleife gebunden wird, zusammengehalten.

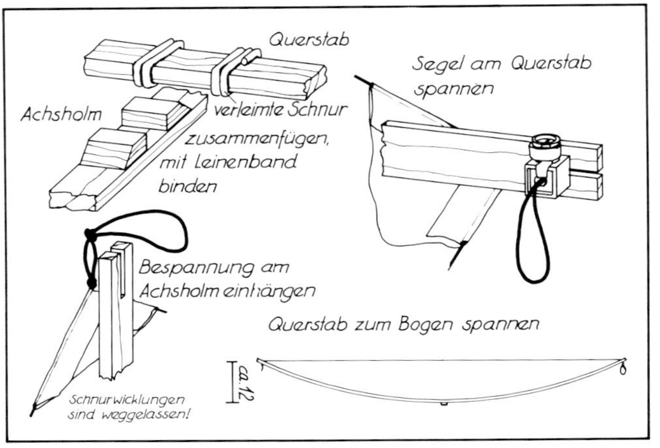


Der Eddy läßt sich an sehr unterschiedliche Windgeschwindigkeiten anpassen. Schaukelt er unruhig hin und her, stellen Sie die Waage steiler, damit das schlanke Heck besser stabilisieren kann. Ist der Flug zittrig, kann das an einer zu steilen Waageneinstellung, aber auch an einer zu straffen Bespannung liegen.

Bei der Endmontage der Bespannung auf dem Gerüst müssen Sie auf strenge Massen- und Flächensymmetrie achten. Nachdem Sie die Querstrebe zum Bogen gespannt haben, muß die Bespannung im unteren Teil etwas locker sitzen und sich durch einen leichten Luftzug nach hinten bauschen lassen. Den genauen Zugpunkt können Sie leicht ermitteln, wenn Sie in gleichmäßigem Wind den Drachen am vermeintlichen Zugpunkt in der Waage halten und in die Fluglage hochschwingen. Tasten Sie sich dann an der Waage entlang, bis Ihr Eddy ruhig im Wind steht, und verschieben Sie den Zugring in den so gefundenen Zugpunkt. Binden Sie die Leine an und überprüfen Sie die Einstellung in Flugversuchen.

## *Lenk-Eddy*

Um den oben beschriebenen Eddy lenkbar zu machen, brauchen Sie: eine ca. 3 m lange geflochtene Perlonschnur und zwei Al-Ringe für die beiden zweischenkeligen Waagen. Schnurreste. Zwei 60 m lange Drachenleinen mit Lenkgriffen (s. u.). Ein langes Schwanzband oder einen Schlauchschwanz.

Ihren Eddy können Sie mit geringem Aufwand in einen Lenkdrachen verwandeln, mit dem Sie richtige Kunstflugfiguren fliegen können. Dazu muß er zwei Waagen bekommen, an denen je eine Leine befestigt wird. Die beiden Leinen müssen in Material und Querschnitt genau übereinstimmen. Am besten besorgen Sie sich eine Schnurrolle mit ca. 120 m dünner, wenig dehnbarer Polyester- oder Perlonschnur, aus der Sie die 60 m langen Lenkschnüre gewinnen. Obwohl der Lenk-Eddy ohne Schwanz zuverlässig zu beherrschen ist, bindet man ihm einen langen Schwanz an, bevorzugt einen Schlauchschwanz, der alle Lenkbewegungen harmonischer macht und als „Himmelsschreiber" nachzeichnet.

Der Eddy ist eine der ganz großen Drachenschöpfungen, die viele Möglichkeiten bietet. Vorne der Tyvek-Eddy, hoch oben der aufwendig genähte Eddy, der als meine „Flagge" gilt.

Die Mitte der gemeinsamen Waagenschnur wird am unteren Waagenpunkt befestigt, die Enden führen Sie links und rechts durch Ösen oder gut versäuberte Löcher in der Bespannung und binden sie an Schnurschlaufen auf den Querstab. Die Waagen müssen den Lenkdrachen recht steil in den Wind stellen, damit er nicht zum Segeln neigt.

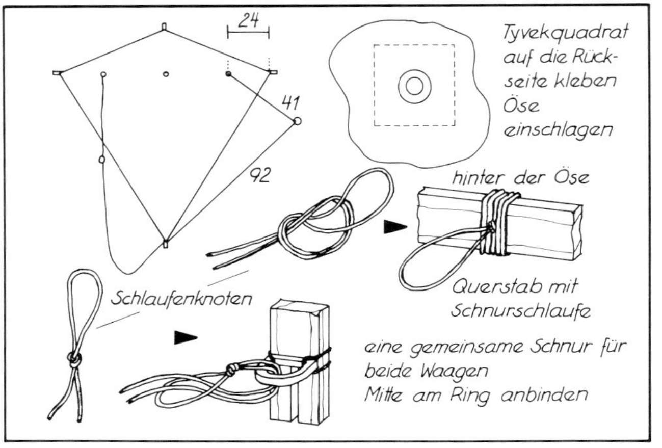


Den Schlauchschwanz befestigt man am besten über einen Wirbel am D-Ring. Durch die Randversteifung kann er sich besser aufblähen.
Der Lenkschnurgriff aus 10-mm-Sperrholz liegt ausgezeichnet in der Hand und läßt die Schnur sehr gut ablaufen, wenn man die Kanten durch Schleifen und Lackieren gründlich glättet (s. S. 8).

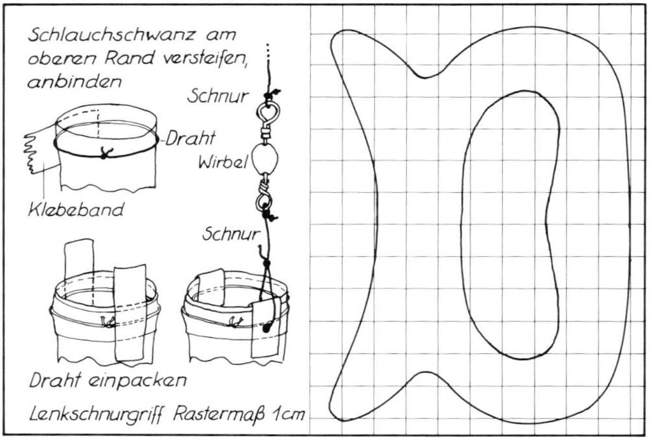


*Lenkzubehör*
Handelsübliche Lenkschnurgriffe aus Kunststoff (links u. rechts).
In der Mitte Griffe aus Sperrholz (Schnittmuster s. o.), die ich den Kunststoffgriffen vorziehe, dahinter sehr einfache, stabile Haspeln aus 22 cm langen Abschnitten einer gehobelten Dachlatte.
Rechts PVC-Strippen- und Schlauchschwanz.

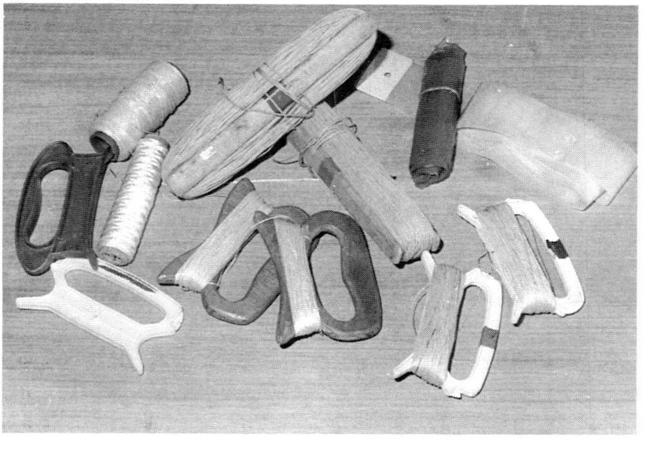

*Lenken*

Lenkdrachen lieben kräftigen Wind. Sie müssen so getrimmt sein, daß sie immer unter Winddruck bleiben und nicht ins Gleiten kommen.

Mit dem Lenk-Eddy können Sie richtige Figuren fliegen, z. B. Sturzflüge, seitliche Loopings, stehende und liegende 8, Spiralen und viele Kombinationen der Grundfiguren.

An das Lenken müssen Sie sich langsam herantasten. Legen Sie zunächst je etwa 40 m der beiden Lenkschnüre aus, lassen Sie einen Helfer den Drachen hochhalten, spannen Sie die Schnüre und machen Sie beide gleich lang. Dann beginnen Sie mit einem Hochstart. Schon beim Aufstieg werden Sie merken, wie der Lenk-Eddy auf Zug an den Leinen reagiert. Das Prinzip des Lenkens ist wirklich einfach: Der Drachen führt eine Bewegung nach der Seite aus, an deren Schnur gerade gezogen wird. Üben Sie zunächst leichte Kurven nach beiden Seiten, um ein Gefühl für das Lenkverhalten Ihres Drachens zu bekommen, bevor Sie mit (z. B.) einem kurzen Ruck an der linken Leine einen Überschlag nach links einleiten und mit einem weiteren Ruck an der rechten Leine den Gegenschlag ausführen. Die Schnurgriffe wechseln auf keinen Fall die Hände! Gut gleitende Schnüre vermitteln die Lenkbefehle auch noch, wenn sie mehrfach verdrillt sind.

Ich kennzeichne meine Lenkschnurgriffe, damit ich sie nicht verwechsle, falls ich sie vorübergehend ablege, um z. B. eine Korrektur am Drachen vorzunehmen.

Wenn Sie gute Nerven haben, werden Sie an Sturzflügen Gefallen finden, die Sie erst kurz vor der Bodenberührung abfangen. Mit etwas Übung gelingt es, den Lenk-Eddy waagrecht über das Gelände huschen zu lassen, ihn nach einer Seite zu landen und ohne fremde Hilfe wieder zu starten.

*Landen und starten*

Der Drachen muß aus der Hauptwindrichtung gesteuert werden, damit er absitzen kann.
In der Wartestellung kann man z. B. den Schwanz entwirren. Wenn nach links gelandet wurde, wird der Start durch einen Ruck an der rechten Leine wieder eingeleitet. Diese Manöver gelingen auch mit Drachenzügen.

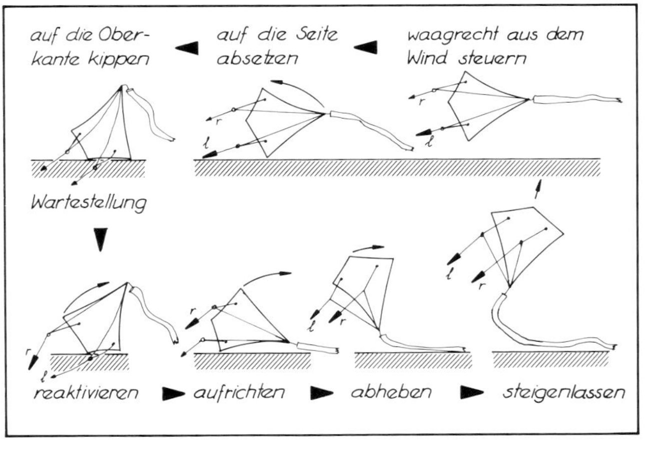

## *Großer Delta*

Sie brauchen:
Ca. 2,25 m des 150 cm breiten Tyveks.
3 Raminleisten, 8 x 8 mm, je 110 cm lang,
1 Bambusstab, Ø ca. 1,5 cm, 98 cm lang.
Dünne Schnurreste,
5 Ösen, 50 cm Leinenband, 12 mm breit, Alleskleber, Weißleim.

Erfinder dieser modernen Drachenform ist der amerikanische Luftfahrtingenieur Francis Rogallo. Den Namen bekam sie durch ihre Ähnlichkeit mit der Gestalt des griechischen Buchstabens  . Deltas sind halbflexible Drachen, d. h. ihre Gerüstteile sind nicht starr miteinander verbunden. Ihre Flugstabilität erhalten sie durch die doppelt gebauschte Fläche, die typische Rogalloform.
Ich zeige Ihnen hier, wie Sie einen Delta aus Tyvek ohne Näharbeit zusammenleimen können. Halten Sie sich genau an meine Anleitung; sie führt Sie zu einem Drachen, dessen mechanische Belastbarkeit vergleichbaren Modellen aus anderen Materialien nicht nachsteht.

Die Kantenstäbe enden weit vor der oberen Spitze. Der Spreizstab wird auf den Kantenstäben mittels zweier Leinenbänder angebunden, in der Mitte hat er keine Verbindung zum Achsholm.
Die Leine wird direkt am Kiel angebracht. Der Kiel wirkt als stabilisierendes Element und als Waage.

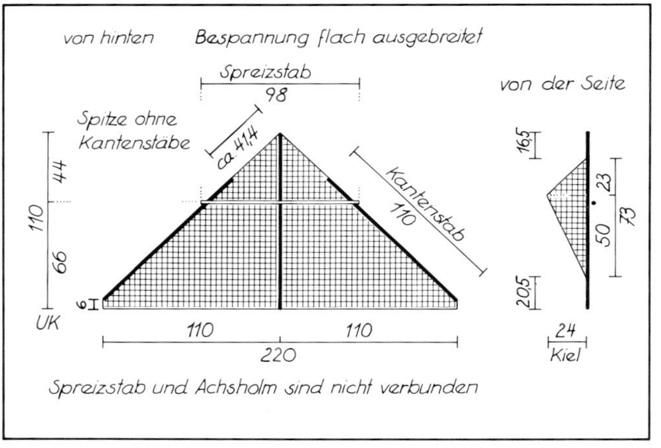


Die großen Flügel schneiden Sie am besten mit einem scharfen Messer aus dem doppellagig auf eine schnittfeste Unterlage gespannten Tyvek zu. Von den Tyvekstreifen A bis D brauchen Sie je 2 Stück. Ein doppelwandiger Kiel entsteht, wenn die Mitte des Kielzuschnitts um den Achsholm geklebt wird.

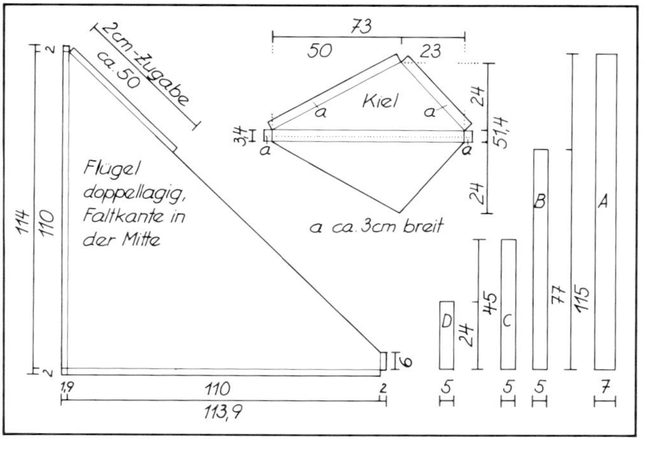

Faszinierende Lenk-Eddys, deren Bewegungen durch die Schlauchschwänze nachgezeichnet werden. Manche Drachenfreunde verschreiben sich ganz dem Lenkdrachensport.

Befestigen Sie den Kiel mit Leim und Schnüren am Achsholm und kleben Sie die Kielhälften zusammen. Nach dem Trocknen leimen Sie in gleicher Weise die Mitte der gesäumten Flügel auf. Kiel und Flügel müssen den Achsholm fest umschließen. Breiten Sie die Flügel flach aus, und lassen Sie den Leim abbinden.

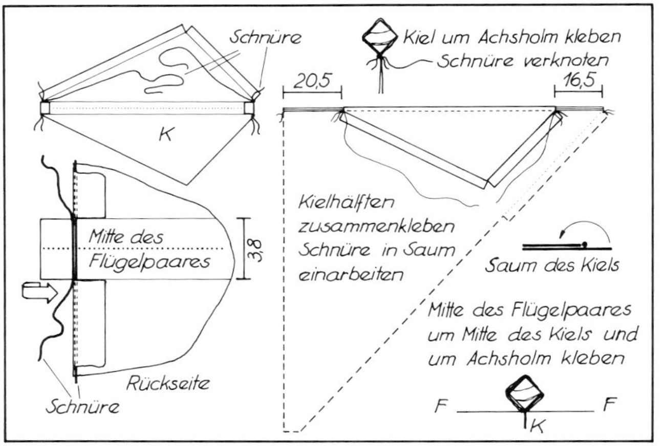


Verbinden Sie Kiel und Flügel sehr gründlich mit den Tyvekstreifen B und die Flügel untereinander mit D.
Wenn Sie den Achsholm an der hinteren Kante und an der Spitze in der angegebenen Weise fixieren, sichern Sie gleichzeitig nochmals die Flügelverbindung in der Drachenmitte.

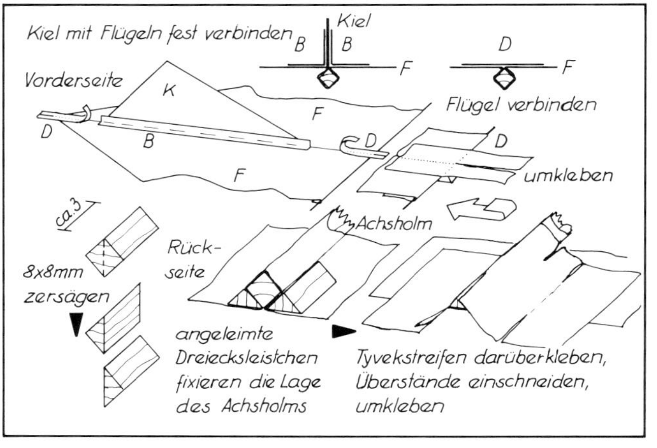


Die Kantenstäbe werden von hinten auf die Flügel geklebt und mit den Tyvekstreifen A, die an den Stabenden etwas überstehen, richtig eingepackt. Die Spitze des Deltas und die Übergänge zu den Kantenstäben werden zusätzlich mit den Streifen C verstärkt. Lassen Sie alle Leimverbindungen ganz gründlich (über Nacht) durchtrocknen.

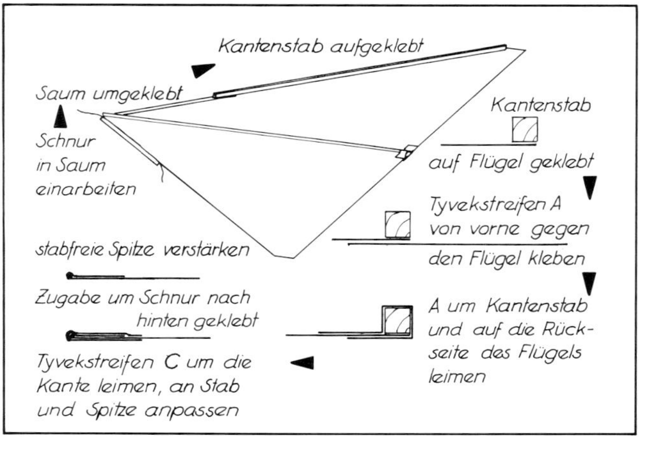

Der gut ausbalancierte Spreizstab kann den Delta unterschiedlich stark spannen. Die Leinenbänder werden fest um die Kantenstäbe gebunden. Befestigen Sie die Spreize nur mit einer Schleife, die sich leicht wieder lösen läßt. Der Palstek ist ein Knoten, mit dem fortgeschrittene Drachenbauer ihre Drachen an die Leine legen.

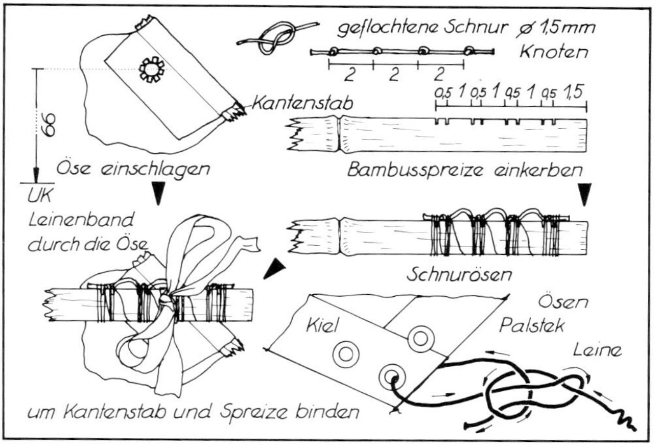


Der große Delta läßt sich mühelos aus der Hand starten. In der bodennahen Luft kann er leicht ins Schwanken kommen und ist dann nur schwer wieder zu stabilisieren. Sorgen Sie dafür, daß der Drachen schnell diese Zone überwindet, dann wird er zu seinem eleganten Flug finden, der ihn zu einem der beliebtesten Drachen machte. In starkem Wind gerät die Unterkante des Deltas in starke Schwingungen, die sich in knatternden Geräuschen äußern. In leichtem Wind fliegt er mit sanftem Flügelschwingen und übersteht, die Thermik nutzend, segelnd kurze Zeiten der Windstille, um beim geringsten Luftzug wieder an Höhe zu gewinnen. Er ist also auch ein idealer Drachen für sonnige Tage mit nur schwachen Winden. Ein rechtes Gegenstück zum großen Delta ist der Fransendelta nur in bezug auf die Größe und den Arbeitsaufwand beim Bauen, in seinen Flugeigenschaften steht er ihm kaum nach. Er ist wendiger und empfindlicher gegen Böen.

Die folgende Bauanleitung steht am Ende einer Entwicklung, in deren Verlauf ich die einzelnen Arbeitsschritte ständig vereinfachte, um ihn auch für sehr junge Drachenbastler baubar zu machen. Beim Kleben mit Klebefilm und -band ist es sehr wichtig, daß der erste Klebeversuch gleich richtig sitzt, denn sobald man einen Klebestreifen von der Folie abziehen muß, wird diese gedehnt, woraufhin sie sich zusammenrollt.

## *Müllsack-Fransendelta*

Sie brauchen: Bambussplittstäbe aus dem Gartenbedarfsgeschäft, (3 x) 60 cm und (1 x) 50 cm lang, die Sie noch dünner schnitzen müssen. Einen 90-Liter-Müllsack, Klebeband, 19 mm, besser 24 mm breit, Klebefilm, Lochverstärkungsringe, 6 cm PVC-Schlauch, ø innen 6 mm.

Die Fransen an der unteren Kante der Flügel bewirken eine sehr gute zusätzliche Flugstabilisierung. Die Kantenstäbe lassen oben und unten jeweils 8 cm der Folienkante frei, der Spreizstab wird nur in den Schlauchverbindungen beweglich mit den Kantenstäben verbunden, so daß ein halbflexibler Drachen entsteht.

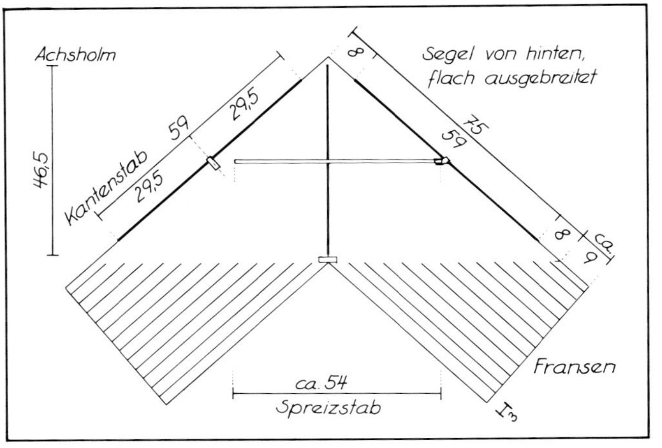


Nach dem doppellagigen Zuschnitt lassen Sie die Folie aufgespannt. Kleben Sie die Flügel entlang a so auf die Unterlage, daß der Kiel ganz frei bleibt. Falten Sie den Kiel genau entlang a auseinander. Überkleben Sie die Kante a der ganzen Länge nach mit Klebefilm, um die beiden Kielteile miteinander zu verbinden.

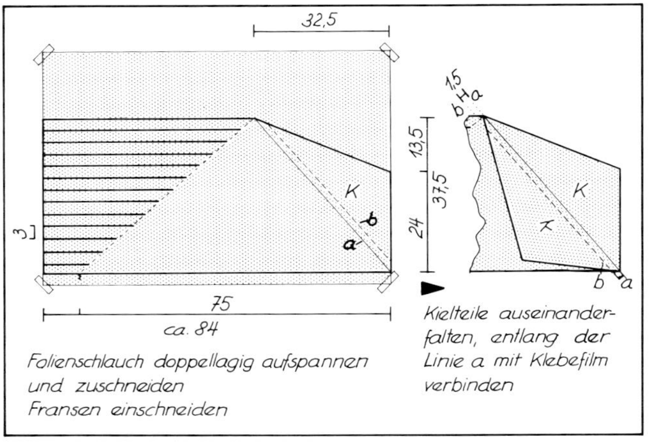


Falten Sie die obere Folienlage entlang b, und verbinden Sie auch entlang dieser Faltkante die Kielteile mit Klebefilm (Kf). Damit ist zwischen a und b eine Tasche für den Achsholm entstanden. Schließen Sie den Kiel, bringen Sie die Lochverstärkungsringe an, und überkleben Sie die Naht a zwischen den Flügeln nochmals auf der Rückseite.

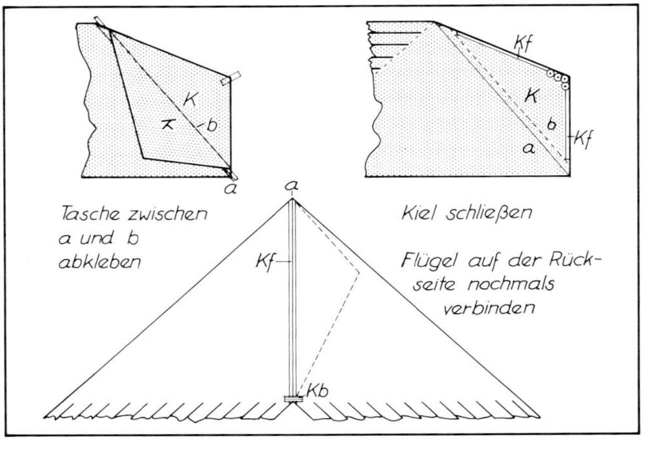

Eleganter Deltaflug: Der bunte Delta ist nach der Bauanleitung (S. 44 ff) gebaut, der weiße Delta ist ein größeres Vorläufermodell. Darunter der Müllsack-Fransendelta.

Versichern Sie sich, daß die beiden Kantenstäbe, die Sie dünner geschnitzt haben, gleich schwer sind, bevor Sie die Schlauchstücke aufstecken.
Probieren Sie die Technik des Anklebens mit dem Klebeband zunächst an einem Folienrest, und kleben Sie erst dann die Kantenstäbe genau der Kante entlang auf.

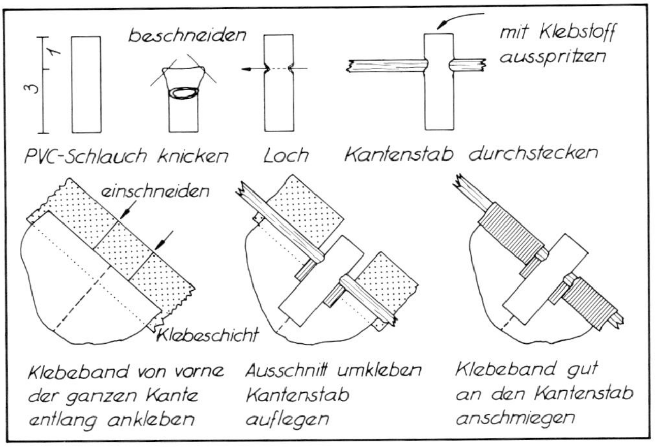


Verstärken Sie alle kritischen Stellen mit Klebeband. Der Spreizstab muß die PVC-Schlauchstücke nicht ausfüllen; durch das Abwinkeln wird er dennoch sicher gehalten. Die dünne Drachenleine binden Sie an eine Büroklammer, die Sie in einen Lochverstärkungsring am Kiel einhaken.

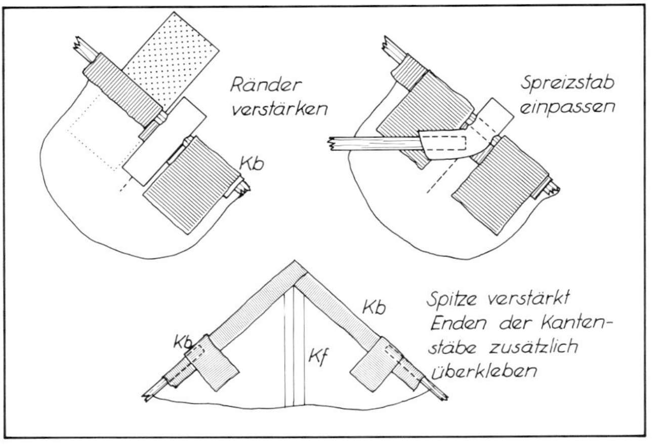


Den richtigen Befestigungspunkt für die Leine ermitteln Sie, wenn Sie den Delta in den Wind hochhalten und sich am Kiel entlang zu dem Punkt hintasten, an dem er am ruhigsten steht. Mit Manipulationen am Massengleichgewicht und an der Segelfläche, können Sie die Flugeigenschaften des Deltas wesentlich verändern.

Der Fransendelta steigt, an einer leichten Leine geführt, sehr steil auf. Sollte der Wind einmal wegbleiben, sinkt er nicht nach hinten ab, sondern segelt auf den Piloten zu.
Neigt sich der Delta nach einer Seite, und erreicht er trotz ausreichendem Wind nicht den erwarteten steilen Aufstieg, überprüfen Sie zunächst das Massengleichgewicht und schaffen den eventuell nötigen Ausgleich. Bleibt der Hang des Drachens nach einer Seite, dann machen Sie in den Flügel der Gegenseite eine kleine Längsfalte, die Sie mit einem Klebefilmstreifen fixieren. Sie werden erstaunt sein, wie stark Sie damit die Flugeigenschaften beeinflussen können.

# *Ein Kastendrachensystem*

## *Zweizelliger Kasten*

Sie brauchen:
Fichten- oder Raminleisten, 5 x 5 mm: je 4 mit den Längen 80 cm und 17,3 cm und 2 mit 34,6 cm.
54 cm des 150 cm breiten Tyveks. 18 cm PVC-Schlauch, Ø innen 6 mm, 60 cm Leinenband, 12 mm breit, Alleskleber, Schnurreste. Zweischenkelige Waage 48 / 76.

Kastendrachen haben als gemeinsames Merkmal zweiseitig offene Zellen mit unterschiedlichen Querschnittsformen. Ihre ausgezeichnete Flugstabilität erhalten sie durch den kanalisierenden Effekt dieser Zellen, hauptsächlich aber durch die schräg und parallel zur Windrichtung orientierten Flächen.
Der einfache Kastendrachen mit zwei würfelförmigen Zellen ist wirklich leicht aus Tyvekbahnen und Fichten- oder Raminleisten zu bauen. Transportiert wird er als 80 cm lange Rolle mit 3 cm Durchmesser. Mit wenig Aufwand können Sie ihn mit Flügeln versehen oder mit seinesgleichen durch einfache Steckverbindungen zu großartigen Flugobjekten kombinieren.

Beim Aufbau einer Zelle fügt man zunächst den ungeteilten Spreizstab ein. Der zweite Spreizstab (geteilt) wird beim Einstecken in die Spreizenlager a in der Mitte abgewinkelt. Die Zellen bekommen ihre endgültige Spannung, wenn Sie die Spreizen in der Mitte mit den Leinenbändern zusammenbinden.

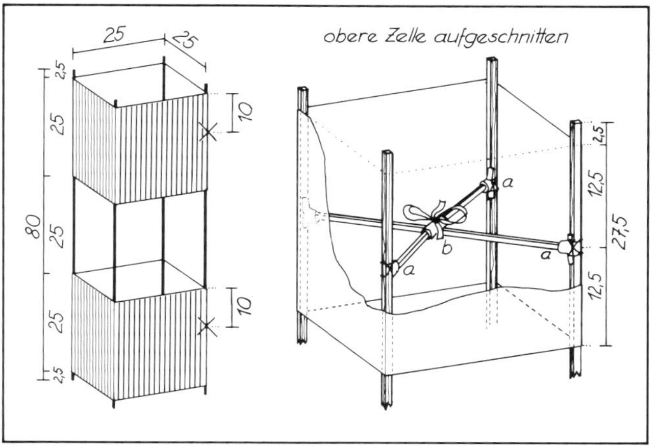

Schneiden Sie die Tyvekmanschetten mit den Saumzugaben zu. Die umgeschlagenen Ränder sollen später im Inneren der Zellen liegen. Am besten bemalen Sie die Außenseiten des Tyveks (z. B. mit wasserverdünnten Abtönfarben), bevor Sie die Bespannung auf die Stäbe kleben. Die Farben können trocknen, während Sie das Gerüst vorbereiten.

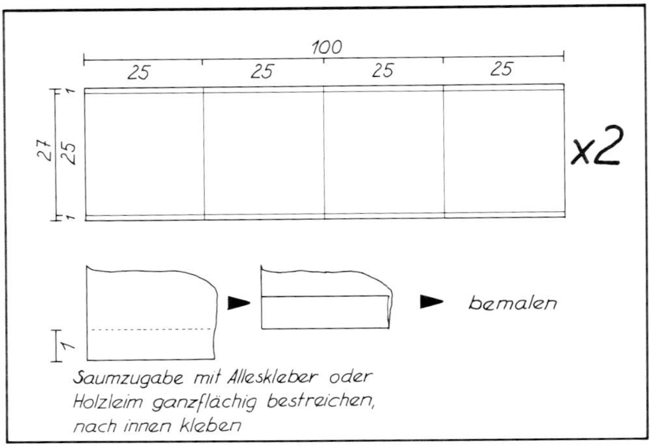


Diese Spreizenlager aus PVC-Schlauch mit 6 bis 7 mm Innendurchmesser haben keine nach außen überstehenden Teile. Die 30 cm langen Leinenbänder werden an den durchgehenden Spreizen mit Klebeband oder besser mit verleimten Schnurwicklungen befestigt. 3 cm PVC-Schlauch bilden die Mitte der flexiblen Spreizen.

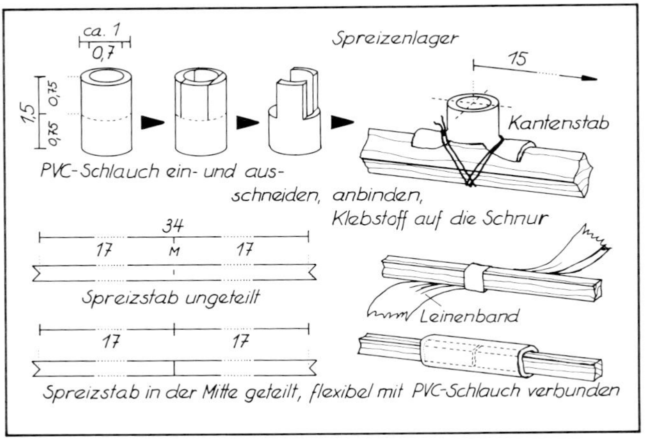


Kleben Sie die Kantenstäbe zunächst nur mit jeweils einer Fläche auf beide Tyvekbahnen. Kurz antrocknen lassen und dann auch die linke Seite (Zeichnung) der Stäbe aufkleben und Kanten formen.
Schließen Sie die Manschetten an Stab 1 und sichern Sie die Stoßnähte mit darübergeklebten Tyvekstreifen.

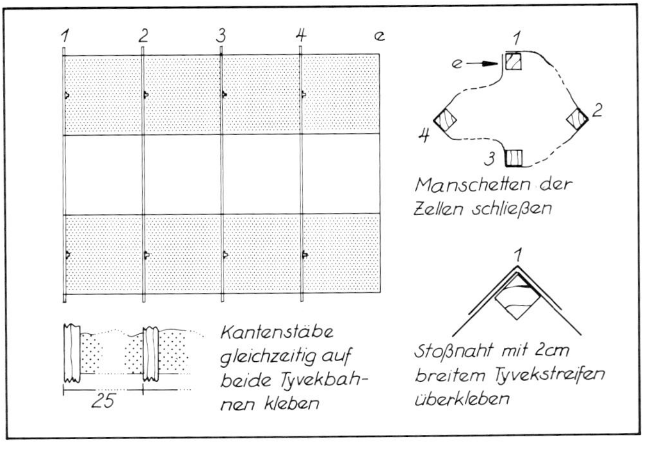

Einfache zweizellige Kastendrachen lassen sich zu großen Flugobjekten zusammenbauen. Zwei Dreierkombinationen (unten) ergeben die große Sechserkombination (oben).

Die Enden der Waagenschnur befestigen Sie am besten an dünnen Schnüren, die Sie mit einer Nähnadel um den Kantenstab 1 legen und über der Waagenschnur fest verknoten. Nachdem Sie den Achtknoten darübergelegt haben, überstreichen Sie die Schnur am Drachen innen und außen mit Klebstoff.

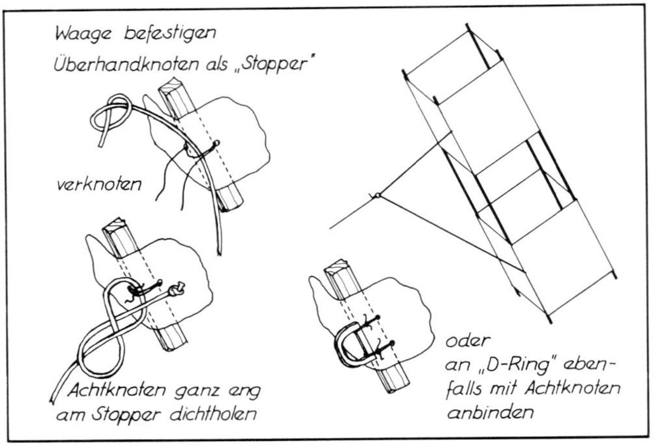


## *Flügel für den Kastendrachen*

Sie brauchen:
40 cm des 150 cm breiten Tyveks. Eine Fichtenleiste, 5 x 5 mm, 94,6 cm lang. 1,2 m Leinenband, 12 mm breit. Holzleim (Alleskleber), 6 cm PVC-Schlauch, ⌀ innen 6 bis 7 mm.

Ab Windstärke 3 Beaufort (Bft) können Sie diesen leichten Kastendrachen zuverlässig in der Luft halten. Um aber ein Modell zu erhalten, das auch bei sanfteren Winden willig aufsteigt, kann man den Zweizeller mit Flügeln versehen, die einfach angesteckt werden. Damit erschließen Sie sich ein breites Spektrum an Windgeschwindigkeiten. Mit Flügeln habe ich meine Kastendrachen von Windstärke 2 bis 4 Bft geflogen. Ohne Flügel testete ich die mechanische Belastbarkeit und Flugstabilität erfolgreich bei böigem Wind bis 7 Bft. Komplexe Kastenkombinationen mit hervorragenden Flugeigenschaften können Sie aus Kastendrachen gleicher Maße und Masse herstellen.

Zwei spiegelbildliche Flügel zuschneiden. An den oberen und unteren Enden der Flügel je ein 15 cm langes Leinenband 5 cm weit in den Saum mit einleimen. Führungen für die Kantenstäbe auf die Rückseite, Flügel auf die Vorderseite des Querstabes leimen. Zwei 4 cm breite Tyvekstreifen, von hinten um die Querstrebe gegen die Flügel geklebt, schaf-

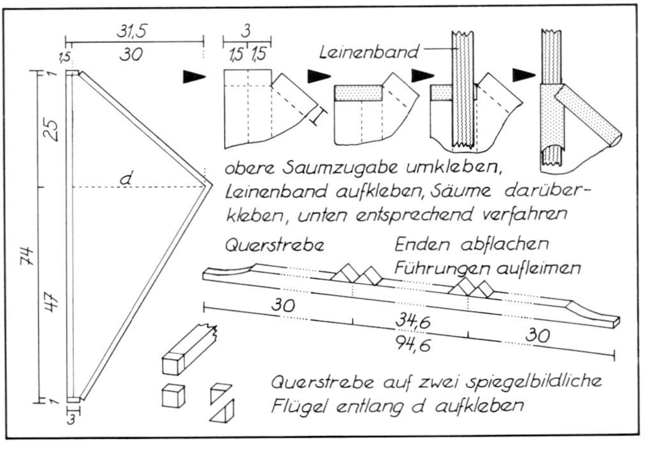

fen eine feste Verbindung. Die PVC-Schlauchstücke, mit denen die Flügel auf den Kantenstäben festgesteckt werden, können Sie durch Gummiringe ersetzen, die Sie mehrfach um die umgeschlagenen Leinenbänder schlingen. Die Querstrebe liegt vor den Kantenstäben und wird an ihnen mit zwei Leinenbändern angebunden.

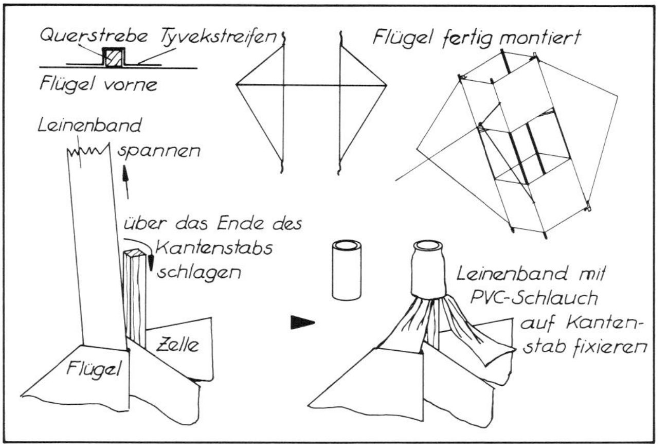


## *Kastenkombinationen*

Fertigen Sie mehrere vollkommen gleiche Kastendrachen an. Dann können Sie mit wenigen Handgriffen großartige Kombinationen aufbauen. Die Kastendrachen werden an den überstehenden Enden der Kantenstäbe nur mit PVC-Schlauchstücken zusammengesteckt. In Ermangelung passender Schläuche können Sie die Verbindungen auch mit kräftigen Gummiringen (Fahrradschlauch) herstellen, indem Sie damit die Enden der Kantenstäbe, die Sie zusammenfügen wollen, mehrmals umschlingen. Manche Kombinationen müssen Sie durch zusätzliche Spannschnüre oder Querstäbe am oberen und unteren Ende versteifen. In der Regel wächst die Flugstabilität mit der Anzahl der Zellen.

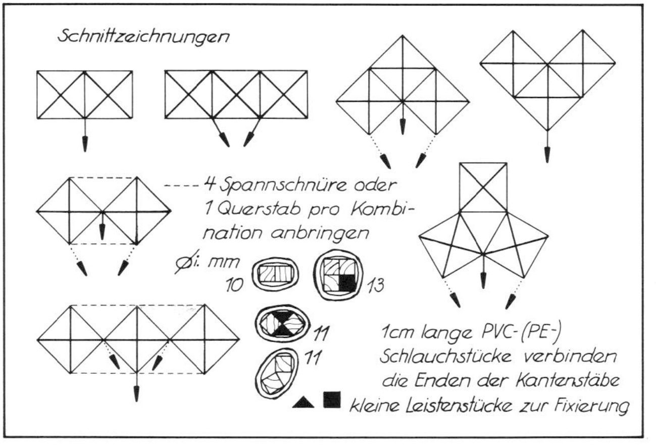


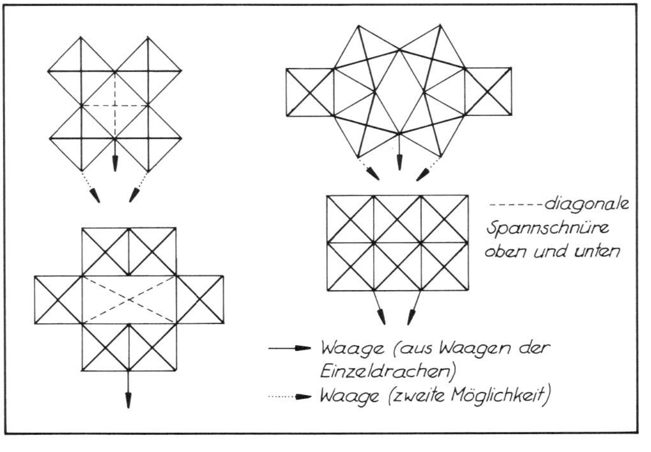

# *Fliegen – Landen – Spielen*

Wie Sie Ihren Drachen starten und mit der einfachen Methode des Steigen- und Driftenlassens schnell in respektable Höhen bringen können, habe ich schon auf den Seiten 14, 15 und 22 beschrieben. Hier möchte ich Ihnen einige Ratschläge für den Fall geben, daß sich Ihr Drachen nicht ganz gesittet verhält.

### *Trimmen*

Unter dem Begriff „Trimmen" faßt man alle Maßnahmen zusammen, die man anwendet, um den fertigen Drachen zu einem flugfähigen Apparat abzustimmen.

Wenn ein Drachen beim Start trotz ausreichenden Winds nicht abheben will, überprüfen Sie die Waage; stellt sie den Drachen wirklich leicht nach vorne geneigt in den Wind? Ist der Schwanz zu schwer? Hebt der Drachen zwar langsam ab, zittert er aber hin und her, stellen Sie die Waage flacher ein (Zugring nach oben verschieben). Oftmals sind unruhige Schwankungen des Drachens auch darauf zurückzuführen, daß die Waage insgesamt zu kurz ist.
Mancher Drachen steigt schwungvoll auf, strebt aber dann in Seitenlage wieder dem Boden zu. Um Abhilfe zu schaffen, gehen Sie den folgenden Fragen nach: Ist der Drachen im Gleichgewicht? Ausgleichen (S. 20)! Ist die Waage zu flach eingestellt? Zugpunkt nach unten verschieben!
Erhält der Drachen unter dem Winddruck eine konkave Oberfläche? Spannen Sie die Querstrebe mit einer Schnur auf der Rückseite zum Bogen (S. 40)! Beginnt ein Drachen, der gut ausgewogen ist, nach dem Aufstieg sich seitlich überschlagend abzustürzen, so können Sie ihn meistens mit einem Schwanz

Mit Flügeln fliegt der Kastendrachen auch bei mäßigem Wind. Alle auf Seite 55 im Schnitt gezeigten Kombinationen habe ich mit Erfolg getestet. Hier eine Dreierkombination.

größeren Luftwiderstands stabilisieren. Ich habe schon öfter beobachtet, daß ein Flachdrachen, wenn er erst einmal ins Schwanken geraten ist, sich mit einem glatten Schwanz zusammen so aufschaukeln kann, daß er rotierend zu Boden geht. Auch hier hatte ich in der Regel mit einem Schwanz größeren Luftwiderstands (z. B. einem voluminösen Maschenschwanz) schnell Erfolg. Stabilisierungsbänder und Quasten an den seitlichen Spitzen eines Drachens können auch zu einem ruhigen Flug beitragen.

In jedem Fall sollten Sie den Niedergang eines Drachens zu stoppen oder wenigstens zu mildern versuchen. Unkontrolliertes Ziehen an der Leine wird den Absturz nur beschleunigen. Beobachten Sie den Drachen, und geben Sie ihm ruckartig nach, wenn er seine Spitze gerade nach oben richtet. Sollte er dadurch aufrecht orientiert verharren, spannen Sie die Leine, um einen erneuten Aufstieg einzuleiten. War die Instabilität nur durch einen Zufall bedingt, wird Ihr Drachen wieder ruhig fliegen, andernfalls lassen Sie ihn landen (s. u.), um die zuvor beschriebenen Stabilisierungsmaßnahmen zu versuchen.

Aber nicht immer liegt es nur am Drachen, wenn der Flug absolut nicht gelingen will. Zum einen kann der Wind so unruhig und böig sein, daß jeder Versuch schon von vornherein zum Scheitern verurteilt ist; zum anderen aber liegt es häufig am Startplatz. Auch unscheinbare Hindernisse können den Wind dermaßen verwirbeln, daß alle Mühe beim Start umsonst ist. Besonders schlechte Erfahrungen habe ich in fallenden Luftmassen hinter Bergkuppen oder Dünen gemacht. Oftmals hilft dann nur, einen anderen Ort zu suchen oder eine günstigere Wetterlage abzuwarten.

*Anbinden*
Ohne Knoten wird Ihr Drachen sicher an einem Pfahl (Anker) gehalten, wenn Sie die unter Zug stehende Drachenschnur über vorher angelegte Schnurwindungen legen (Zeichnung gegenüber).

Wenn ein Drachen tadellos fliegt, können Sie ihn beruhigt anbinden (s. u.). Sehen Sie zu, daß die Leine niemals über eine scharfe Kante läuft.

*Schnüre trennen*

Größte Gefahr für eine unter Zug stehende Drachenschnur besteht immer, wenn sie sich mit einer anderen kreuzend berührt oder gar von ihr umschlungen wird. Wie man diese Leinen trennen kann, erkennt man am schnellsten, wenn man die Haspeln zusammenführt.

## *Landen*

Die Schnur eines flugstabilen, mäßig ziehenden Drachens können Sie in der Regel aufwickeln, bis der Drachen in Ihre Hand zurückgekehrt ist. Das Einholen eines stark ziehenden Drachens in kräftigem Wind kann dagegen recht mühsam sein. Behalten Sie den Drachen im Auge, holen Sie die Schnur Hand über Hand ein, legen Sie die Schnur auf dem Boden aus und wickeln Sie sie erst später auf. Wenn der Drachen Sie zu überfliegen droht, warten Sie, bis er wieder eine stabilere Fluglage einnimmt, und fahren Sie erst dann mit dem Einholen fort. Setzt der Drachen zum Sturzflug an, geben Sie ihm ganz plötzlich Schnur; er wird sich sofort wieder aufrichten. Besonders in der Endphase kann der Landevorgang zu einem spannenden Zweikampf werden. Nehmen Sie dem Drachen nur vorsichtig Schnur weg, und lassen Sie ihm aber wieder ruckartig Leine, sobald er instabil wird. Daraufhin nehmen Sie ihm wieder mehr Schnur. Setzen Sie dieses Spiel so lange fort, bis der Drachen nur noch knapp über dem Boden ist. Geben Sie jetzt dem Drachen so stark nach, daß er seine Stellung zum Wind verliert und orientierungslos niedergleitet. Dies gilt auch bei abstürzenden Drachen: Nur wenn man die Leine bei der Landung ganz schlaff läßt, berührt der Drachen den Boden mit einem Minimum an Kraft. Mit der nachstehenden Methode können Sie einen stark ziehenden Drachen besonders schnell herunterholen.

Wenn Sie einen Helfer haben, lassen Sie ihn die Leine aufwickeln, während Sie auf ihn zugehen. Andernfalls legen Sie die Schnur im Zurückgehen aus, um sie erst später aufzuwickeln. Binden Sie die verkürzte Leine an und wiederholen Sie dieses Verfahren, bis sich der Drachen wie oben landen läßt.

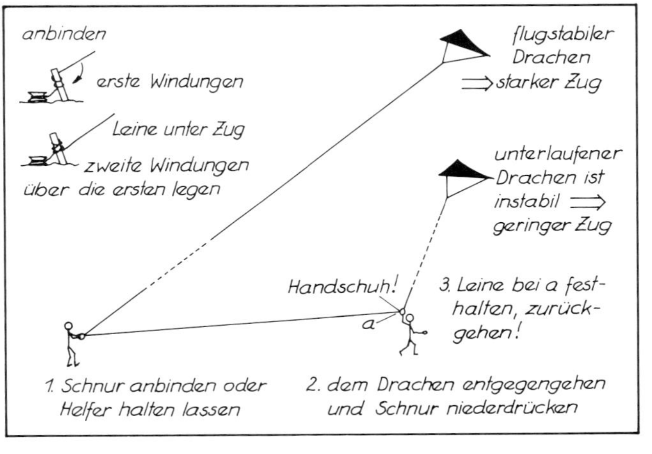

## *Drachenfähre*

Sie brauchen:
35 cm Panzerrohr, ⌀ 19 mm (vom Elektroinstallateur). Eine Styroporplatte, 1,5 cm stark; steifen Draht (Fahrradspeichen), Klebeband, Gummiringe, Schnurreste.
Einen Buchenrundstab, ⌀ 5 mm, 70 cm lang.
Einen Metallring, ⌀ 1 bis 2 cm.

Im Gegensatz zu den kleinen Botschaften, die bis zum Drachen hochlaufen und dann oben bleiben, bis der Drachen eingeholt wird, sind Drachenfähren so gebaut, daß sie nach dem Auffahren auf ein Hindernis, das in die Drachenleine gebunden wird, ihre Nutzlast abwerfen, ihre Segel umklappen und somit zum Drachenpiloten zurückkehren, um erneut auffahren zu können. Die Konstruktion mit nur einem Rohr und den Styroporsegeln läßt sich besonders leicht realisieren und arbeitet sehr zuverlässig. Den Auslöser formen Sie am günstigsten aus zwei Fahrradspeichen, die miteinander in einem Nippel verschraubt und verklebt werden. Zum Transport läßt sich diese Fähre gut zerlegen.

Das lange Rohr IR erhält Einschnitte für die Achse des Segelpaares, den Ring der Halteschnur und die Nutzlast L.
Die Aufhängungen H aus steifem Draht werden mit Klebebandwicklungen am IR befestigt.
Der Auslöser erhält am Ende h des Rohres eine Führung. Das Klebeband Kb verhindert, daß der Auslöser in das Rohr rutscht. Die Achse der Segel wird im IR durch die Manschette kR gehalten. Die Spannschnur muß so bemessen sein, daß die Segel gut im Wind stehen und beim Auslösen durch den Gummizug etwa waagrecht gestellt werden, um die Talfahrt der Fähre etwas abzubremsen. Der Ring darf nach dem Auslösen nicht frei herunterhängen, da er sich in der Leine verheddern kann.

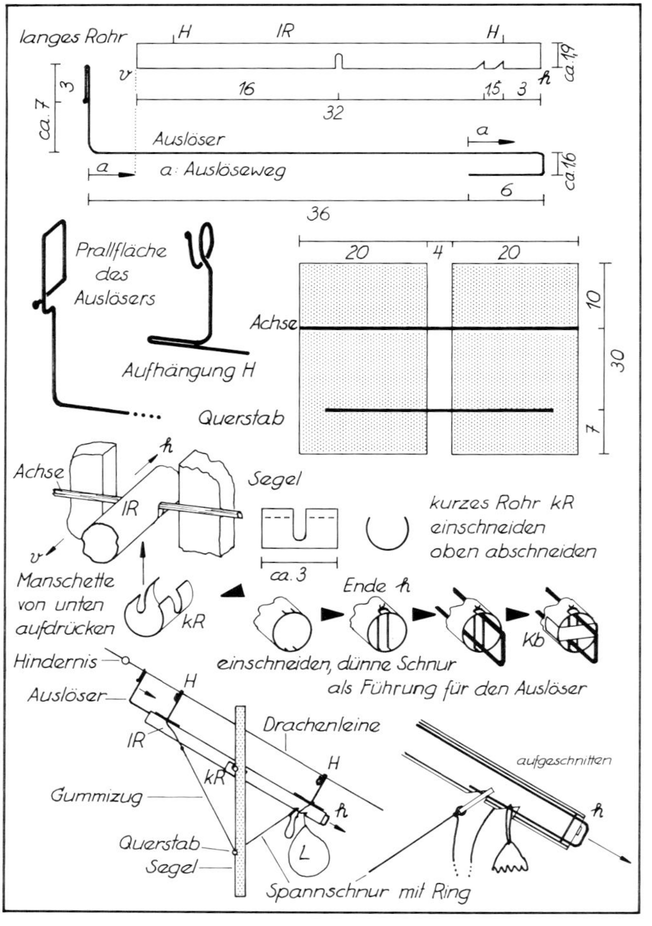

Wirbelwindsäcke gibt es in vielen Variationen. Vorne der „Turbosack", hinten ein kleineres Modell mit Bändern, dazwischen Wirbelwindsäcke aus Tyvek und aus Spinnakernylon.

*Die Fähre (ohne Last)*
Eine Wäscheklammer blockiert den Start. Beim Auffahren auf das Hindernis wird der Auslöser nach hinten geschoben, wodurch der Ring der Spannschnur freigegeben wird und die Segel durch den Gummizug umgelegt werden, so daß die Fähre aufgrund der Schwerkraft wieder zum Boden zurückkehrt.

## *Wirbelwindsäcke*

Wirbelwindsäcke macht man am einfachsten aus Tyvek, mit etwas größerem Aufwand aus Spinnakernylon.
Aus Tyvek: Zuschneiden, oberen Rand ca. 1,5 cm weit, alle 2 cm einschneiden, Manschette schließen, Ring aus Peddigrohr einfügen, Tyvekrand über das Peddigrohr nach innen kleben. Untere Spitzen des Tyveks fest übereinanderkleben.
Aus Spinnakernylon: Sechs Teile zusammennähen, oben 1,5 cm Saum nach innen nähen, an der Innenseite mit Lötkolben ein Loch in den Saum schmelzen, Peddigrohr einführen und im Saum zum Ring schließen. Untere Spitze mit Stecknadeln auf Flaschenkorken zusammenstecken, Loch durchschmelzen, Öse eindrücken.

Wirbelwindsäcke, die sich lustig im Wind drehen, bindet man gerne an einen Ring, der mit einem Buchtknoten in die Drachenleine eingesetzt wurde. Sie besitzen Winddurchlässe, die den Luftstrom so lenken, daß er die Säcke in Rotation versetzt.
Als Material für Ihren ersten Versuch schlage ich Tyvek vor, das Sie am besten gleich nach dem Zuschnitt bemalen. Attraktiv leuchtende Wirbelsäcke bekommt man aus Spinnakernylon. Fertigen Sie eine Schablone, deren Rand entlang Sie die Einzelteile mit einem Lötkolben zuschneiden, um sie dann mit der Nähmaschine zusammenzunähen. Ein Ring aus Peddigrohr muß den oberen Rand der Wirbelwindsäcke offenhalten.

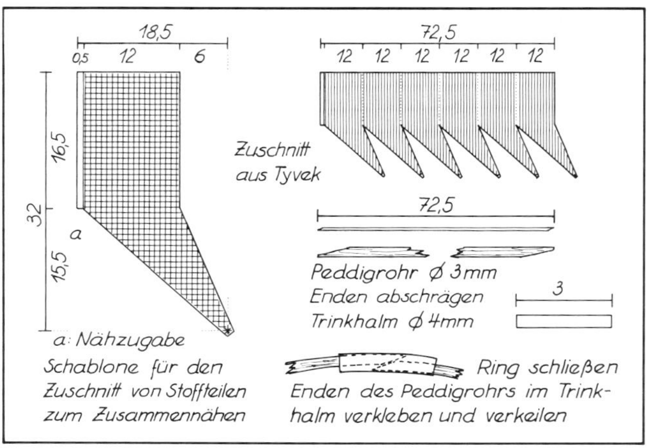

Um zu verhindern, daß die Rotation auf die Drachenleine übertragen wird, werden die vier Halteschnüre der Säcke über ein Kreuz aus steifem Spannband oder aus dem Tragegriff einer Waschmitteltonne und (unerläßlich!) einem Wirbel mit dicker Schnur an einem Ring in der Drachenleine angebunden. Alle Löcher werden mit einem Lötkolben eingeschmolzen.
Der große Turbosack ist aus Tyvek gearbeitet. Die Luftöffnungen im oberen Rand bringen ausgezeichnete Drehzahlen. Beim Zuschnitt verwenden Sie eine lange Leiste als Hilfszirkel. Wenn Sie alle Radien um den gleichen Betrag kürzen, erhalten Sie einen Sack, der stärker konisch verjüngt wird. Von diesen Säcken gibt es noch viele Varianten.

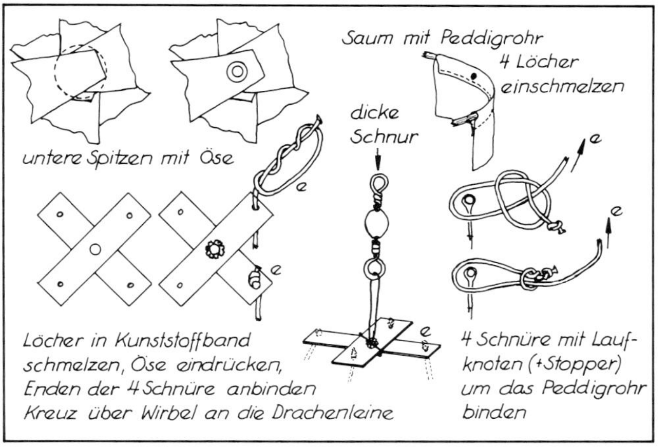


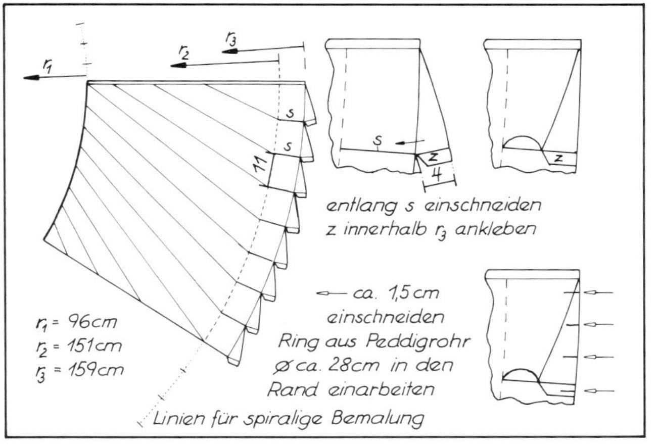


## *Zum Schluß*

Mit diesem kleinen Kurs habe ich versucht, Sie meiner Liebhaberei etwas näher zu bringen. Wenn mir das gelungen ist und Sie mit Ihren erfolgreich gebauten Drachenmodellen erst richtig Lust bekommen haben, eröffnet sich Ihnen ein fast unendliches Feld weiterer großartiger Drachen. Eine Reihe dieser Drachen können Sie mit den Fertigkeiten, die Sie hier erlernt haben, nachbauen; es gibt aber auch viele aufwendige Modelle, für die es sich lohnt, neue Techniken, vor allem den Umgang mit Stoff und der Nähmaschine zu erlernen. Was immer Sie angehen, lassen Sie die Beschäftigung mit Ihren Drachen nie zur Hast werden, und kosten Sie das Spiel Ihrer Drachen im Wind voll aus.

Eddy und großer Barrage, Titeldrachen meiner Bücher „Drachen bauen“ und „Drachen aus aller Welt“, stellen für mich Meilensteine in der Beschäftigung mit meiner Liebhaberei dar.